영화관에 간 수학자

영화관에 간 수학자

평범하지 않은 수학자의 흔한 영화 감상문

제롬 코탕소 지음 · 윤여연 옮김 · 이종규 감수

 북스힐

프롤로그

2016년 12월, 내 수학 블로그 'Choux romanesco, vache qui rit et intégrale curvilignes(로마네스코 브로콜리, 웃는 소와 선적분: 로마네스코 브로콜리는 프랙탈, 웃는 소는 치즈 모양의 부채꼴을 이용한 원 넓이의 극한 계산을 의미하는 표현-감수자 주)' 개설 10주년을 축하하기 위해서, 나는 프랑스어권 영상 제작자와 팟캐스터 진행자들 모임에서 멤버들에게 '수학은 어디에 쓸모가 있을까?'라는 질문을 던졌다. 과학의 대중화를 위한 채널 '스킬라부스(Scilabus: 그리스 신화 속 스킬라는 아름다운 공주였지만, 글라우코스의 사랑을 받지 못해 괴물이 되었다. 대중의 관심을 받아야 하는 과학을 스킬라에 비유한 표현-감수자 주)'를 운영하고 있는 유튜버 비비안느 라랑드의 대답은 내게 큰 영감을 주었다.

"[…] 어릴 적 영화를 보면, 과학적이고 진지한 분위기를 다소 연출하고 싶은 그런 영화에서는 칠판에 여러 방정식들이 항상 적혀 있었어요. 어린 제게는 그런 방정식들이 이해할 수 없는 내용처럼 보였어요. 그래서 그 새로운 언어를 판독하는 법을 배우고 싶었죠. 수학을 공부한(아주 작은 부분이지만) 지금은 TV와 영화 등 여러 장면에서 칠판에 적힌 방정식을 보면 어떤 내용을 적었는지 이해할 수 있게 되었어요. 내용을 이해하지 못한 적은 드물었지만, 이해하지 못하더라도 그 이유 정도는 알게 되었죠. 그리고 시나리오 작가들이 수학에 대해 열심히 조사했고, 조금 더 심오한 의미를 갖는 방정식을 찾기 위해서 진짜 수학자를 만났겠구나 하는 생각이 들었어요."

그녀의 대답은 내 여러 습관 중 하나를 떠올리게 했다. 오래전부터 나는 영화에서 방정식이 적힌 칠판이 배경으로 나오면, 곧장 화면을 정지시키고 방정식의 진위를 확인하고 있다. 아주 잠깐 혼자 영화를 보는 상황이라면 이런 집착이 그리 불편하지 않은 일이다. 수학을 내세운 영화가 그리 많지 않으니 괜찮지 않냐고 말할 수도 있다. 하지만 그건 잘못 알고 있는 것이다. 실제로 TV나 영화에서는 수학을 정말 자주 다룬다! 눈에 잘 띄는 건 아니지만 살짝 지루한 강의 장면이면 수학 내용이 언급되고, 과학자의 비밀 연구소 칠판에는 수식이 적혀 있다. 그러니 정말로 영화 속에 수학이 있다. 나는 내가 좋아하는 수학이 등장하는 영화와 드라마를 '수학' 작품이라고 부른다.

물론 우리는 영화를 이분법적인 시각으로 보면 안 된다. 수학적 작품과 다른 작품 사이의 명확한 경계는 없다. '수학 작품' 목록은 숫자의 흔적조차 없는 영화부터 100% 수학 드라마까지 하나의 연속체를 이루고 있다. 그래서 수학적 내용이 드러나는 정도를 나눠서 0부터 5에 이르는 카테고리를 만들었다.

카테고리 0에 속하는 영화는 수학을 다루는 장면이 어디에도 없다. 해마다 영화관에서 개봉되는 거의 모든 장편영화가 이 단계로 분류된다.

그럼 한 계단 위로 올라가 보자. 카테고리 1로 들어가는 영화는, 제목을 봤을 때 수학을 마주치지 않을까 하는 희망을 품게 만들지만 실제로는 전혀 그렇지 않은 영화다. 가령, 미국 영화「더 포스트(The Post)」는 프랑스에서「펜타곤 페이퍼스(Pentagon Papers)」라는 제목으로 개봉되었는데, 이 프랑스 제목에서 예상되는 것과 다르게 메릴 스트립과 톰 행크스는 5개의 변으로 이뤄진 다각형에 관심이 없었다.

카테고리 2에 속하는 영화와 드라마는 좀 더 흥미롭다. 수학이 주요 소재는 아니지만 적어도 한 번은 수학 관련 장면이 나오는 영화와 드라마다. 어린이 애니메이션「페파 피그」의 경우, 방정식이 하나 나오는 에피소드가 있다는 이유로 수학 영화 카테고리 2로 들어간다. 또한 M. 나이트 샤말란 감독의 재난 영화「해프닝(2008년)」은 등장인물 중 한 명이 수학 교수라서 수학 영화 카테고리 2에 들어간다.

'진정한' 수학 영화는 카테고리 3부터 시작된다. 수학이 영화에서 상당히 중요한 자리를 차지하지만, 영화 플롯의 핵심은 다른 곳에 있는 영화다.「네이든」은 자폐 장애를 가진 소년이 대만에서 만난 중국 소녀와의 우정을 그린 이야기인데, 배경이 국제 수학 올림피아드 대회다.「심슨 가족」의 작가진이 만든 애니메이션 시리즈「퓨처라마」역시 카테고리 3으로 분류되는데, 그 이유는 대수학과 기하학의 세계를 향해 눈짓을 보내며 이를 익살스럽게 표현했기 때문이다.

카테고리 4에는 메인 주제가 수학과 연관 있는 영화나 드라마다.

역사의 한 획을 그었던 어느 수학자의 실화를 바탕으로 한 영화 또는 숫자에 특출난 재능을 가진 인물이 등장하는 영화에서는 수학이 플롯의 중심에 있다. 예컨대 「무한대를 본 남자」의 시나리오는 카테고리 4에 속한다. 왜냐하면 수학 연구에서 증명의 중요성을 둘러싸고 이야기가 전개되기 때문이다. 미국 수사 드라마 「넘버스」에는 FBI에서 자문관으로 일하는 수학자가 등장하는데, 매 사건을 수사할 때마다 응용 수학의 개념이 활용된다.

마지막으로 카테고리 5는 플롯이 수학을 다루고 있을 뿐만 아니라 등장인물들도 수학 개념인 100% 수학 영화다. 내가 알기론, 이 카테고리에 들어가는 작품은 딱 하나밖에 없다. 바로 소설 『플랫랜드』를 각색한 애니메이션이다. 3차원을 발견하는 정사각형의 모험을 그렸다. 이 소설을 각색한 작품은 여럿 있지만 안타깝게도 프랑스에 배급된 작품은 단 하나도 없다.

수학 작품들은 다른 장르와 경계선을 하나도 긋지 않고 모든 장르를 소화할 수 있다. 드라마, 코미디, 수사물, 공포 영화, 블록버스터, 프랑스식 코미디, 전기 영화, 성인 애니메이션, 어린이 애니메이션, 청소년 드라마 등등에 수학이 있다. 나는 여기에서 수학 영화 및 드라마 작품을 모두 언급하려 애쓰지 않을 것이다. 버카드 폴스터와 마티 로스 두 수학자가 수학을 소재로 한 영화와 TV 시리즈 목록을 정리해 '수학 영화 데이터베이스(Mathematical Movie Database)'와 '수학 TV 데이터베이스(Mathematical TV Database)' 웹페이지를 공유하고 있으므로, 수학 작품을 좋아하는 독자들이라면 이 사이트에서 즐

겁게 여러 작품 목록을 찾아볼 수 있다.

　대신 이 책에서는 지난 수십 년 동안 영화관에 개봉한 가장 인기 있던 카테고리 3과 4에 속하는 영화 열네 편을 살펴보려 한다. 각 작품마다 수학이 최전방으로 나온 상징적인 장면에서 멈춰 선 다음,—마치 내가 리모콘의 정지 버튼을 누르듯!—수학 내용을 분석하고 해당 내용을 현실과 교차시키면서 촬영 뒷이야기를 꺼내 보는 시간을 가질 예정이다. 수학적으로 정확한 시나리오가 어떻게 편집 과정에서 이해할 수 없는 횡설수설한 내용이 되고 말았을까? 영화 속에서 수학 천재들은 어째서 벽과 창문에 수학 공식을 쓰다 지쳐 버리는 걸까? 배우 러셀 크로우는 복잡한 공식을 어찌 그리 우아하게 칠판에 쓸 수 있었을까? 풀 수 없다고 말하는 수학 문제가 수학을 전공한 대학생에게도 정말 어려울까? 이런 부분들을 살짝살짝 파고들면서 우리는 수학이 얼마나 방대하고 다양한지를 발견할 것이다. 영화를 한 편씩 살펴볼 때마다, 우리는 숫자 1729의 특성부터 튜닝 기계, 존 내시의 게임 이론, 4차원 기하학 법칙까지 넘나들 것이다. 자, 어서 팝콘 한 봉지와 계산기를 챙겨 놓으시길. 곧 첫 번째 상영이 시작된다!

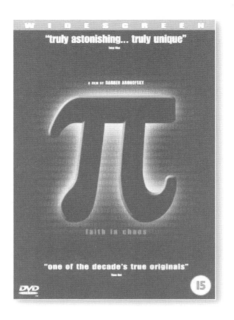

대런 애러노프스키 감독의 「파이(1998년)」
출연: 숀 걸릿, 마크 마르골리스, 벤 셍크만 등

정수론을 연구하는 수학자, 맥스 코헨은 주식 시장의 변동성에 정신이 팔렸다. 그는 변동성 속에서 주식 시장의 움직임을 예측할 수 있는 '수열(sequence)'을 찾는 중이었다. 그의 목표는 투기가 아니다. 주식 시장은 물론이고 자연은 모두 수학적으로 분석될 수 있다는 자신의 이론을 증명하고 싶어 했을 뿐이다. 극심한 두통과 점점 악화되는 정신 장애(망각, 환각증세 등)에 시달리면서도 맥스의 연구는 조금씩 진전을 보인다. 하지만 '버그'가 발견되면서 모든 게 멈추고 만다. 그가 만든 수열 분석 프로그램 '유클리드'에서 나온 216자리의 묘한 수는 마치 맥스가 품은 질문들에 대한 답처럼 보였다. 맥스의 옛 스승 솔 로브슨 교수는 맥스에게 연구를 멈추라고 말리지만, 이미 여러 조직들이 맥스의 주변에서 어슬렁거리며 연구에 관심을 드러내고 있다. 한편, 맥스는 두 인물을 만난다. 한 명은 월 스트리트에서 증권 거래인으로 일하는 마시 도슨, 그녀는 맥스에게 첨단 장비를 전달한다. 또 다른 한 명은 토라를 수학적으로 분석하는 정통 유대인, 레니 마이어다. 마시와 레니 둘 다 맥스보다 216자리 수에 대해 더 많은 것을 알고 있는 듯한데….

파이(π)에 인생의
의미가 쓰여 있다?

영화 「파이(π)」는 대런 애러노프스키 감독의 첫 장편영화다(이후 「블랙 스완」, 「마더!」, 「더 레슬러」, 「레퀴엠」 등을 연출했다). 친구들과 가족에게 돈을 빌려 마련한 예산은 아주 적었지만(6만 달러), 애러노프스키 감독은 인물을 극한까지 끌고 가는 연출 방식으로 선댄스 독립 영화제에서 감독상을 수상했다. 하지만 일부 관객들에게는 보기 힘든 영화일 수도 있다. 등장인물들로 화면이 꽉 채워진 흑백 영상에 최소화된 사운드스케이프가 꽤 답답한 편이다. 게다가 환각으로 힘들어하는 맥스가 자신의 뇌를 관찰하는 일부 거북한 장면은 차치하더라도, 맥스의 두통을 묘사한 장면조차 유독 도발적이다.

제목이 주는 암시와 달리, 영화에서는 파이(π)를 살짝 다룬다. 영화에서 다뤄지는 주제 중 몇 가지는 흥미롭긴 하나, 수학 영화라기보다는 수비학과 게마트리아(히브리어 성경에 대한 수학적 연구), 즉 신

영화 내내 연기의 소용돌이나 커피에 올려진 우유 거품 아니면 바둑판 위에서
나선형이 자주 등장한다.

비주의와 종교를 다룬 영화라고 할 수 있다. 애러노프스키 역시 영
화를 감상하려면 '41+3'을 계산할 수 있는 수학적 지식만 있으면 된
다는 것을 인정했다. 그는 이쪽저쪽에서 인정받은 각종 수학 이론을
영화 속에 끼워 넣는 것만으로도 충분히 만족했기 때문에, 결국 영
화「파이」에서 수학은 속 빈 강정이 되고 말았다. 오히려 주인공의
강박관념으로 인해 입은 피해들의 은유적 표현으로서 수학이 사용
됐다고 봐야 한다. 참고로 집착은 대런 애러노프스키 감독의 모든
영화에서 단초가 된다.

세상은 수학이다

맥스: "12시 45분. 내 이론을 다시 정리해 본다. 하나, 자연의 언어는 수학이다. 둘, 우리를 둘러싼 모든 것을 방정식으로 만들 수 있다. 셋, 모든 방정식의 그래프에서 수열이 나타난다. 따라서 자연은 수열로 이뤄졌다.

증명. 전염병의 발생 주기, 동물 개체군 변화, 태양 흑점의 변화 주기, 나일강의 수위 증가와 저하. 그럼 주식 시장에는 무엇이 있을까? 수가 세계 경제를 다스린다. 수백만 명의 손과 수십억 명의 뇌가 움직이는 곳. 많은 목숨이 바글거리는 거대한 뇌나 다름없다. 하나의 유기체… 하나의 자연 유기체다.

공준. 주식 시장의 변동성도 수열에 좌우된다. 수열이 수 뒤에 숨은 채 내 앞에 있다. 수열은 항상 여기 있었다."

"자연의 언어는 수학이다." 맥스는 갈릴레오 갈릴레이가 1623년 『시금저울』에 썼던 "우주는 수학 언어로 쓰여진 책이다. 이 책의 문자는 삼각형, 원형, 다른 기하학적 도형이다"라는 문장을 자신만의 방식으로 다시 썼다. 이탈리아 물리학자 갈릴레이는 실재를 이해하는 최고의 방법이 수학이라 생각했다. 자연은 본래 수학이라는 이러한 개념은 피타고라스 학파로 거슬러 올라가는데, 기원전 6세기에 결성된 과학 분파이자 종교 분파인 피타고라스 학파는 모든 것이 수(정수를 의미)이거나 수들의 비율이라고 생각했으며, 이러한 개념을 물리학뿐만 아니라 음악과 법에도 적용했다.

물리학으로 설명되는 대상(자기장, 힘, 원자…)이 수학으로 설명되는 대상과 완전히 다른가에 대한 연구는 철학적 질문이기에 이 책에서는 다루지 않겠다. 그런데 자연이 수로 이뤄졌다는 이러한 생각은 수학적 모델을 이용해 현상에 접근하고 예측할 수 있게 한다.

일반적으로, 물리적 현상에 대해 수학적 모델을 세우는 일은 단계별로 진행된다. 가장 먼저 물리적 현상을 구성하는 요소들의 특징을 정리하고 이 요소들을 변형시키는 것이 무엇인지 확인한다. 그다음 이 모든 것을 방정식으로 표현해 놓고 나면, 이제 이 방정식을 열심히 풀면 된다. 앞서 맥스의 대사 발췌문에 나온 전염병의 확산을 연구하는 과정을 예로 들어 보겠다. 이 연구에는 역학에서 가장 단순한 모델인 SIR모델(SIR은 각각 'Susceptible-감염 가능성이 있는 건강한 사람', 'Infected-감염된 사람', 'Recovered-전염병에서 회복된 사람'의 약자이다)이 활용될 수 있다. SIR모델을 통해 찾고자 하는 답은 전염병에 걸린 사람들의 비율일 텐데, 이 비율은 전염병에 걸릴 가능성이 있는 건강한 사람, 전체 인구에서 전염병에 걸린 사람, 전염병에서 회복된 사람의 비율과 감염률 또는 완치율에 따라 변화한다. SIR모델은 '미분' 방정식으로 표현할 수 있으므로(12장 수학적 모델링 참조) 좋은 계산 방법을 활용해 근사적으로 풀 수 있다. 이러한 해법을 통해서 시간에 따라 전염병에 걸린 인구의 비율을 추산할 수 있다. 그러나 이렇게 얻은 해답들은 원래 문제의 아주 단순화된 버전만을 설명해 주기 때문에, 더 복잡한 조건을 적용해야 실질적인 미묘한 차이를 더 많이 파악할 수 있다(이를테면 감염되지 않았으나 아플 수 있는 경우, 전염병이 치명적일 수 있는 경우 등등).

이러한 수학적 모델링 문제를 다루기 위해서 맥스는 전혀 다른 접근법을 썼는데 수비학자의 방식[1]이기에 논란의 여지가 있다. 영화에서는 최대한 많은 데이터를 통합한 다음, 수열[2]이라 부르는 패턴 혹은 반복 현상을 찾아내는 방식을 채택한다. 맥스는 주식 시장의 수많은 주식 흐름 속에서 이러한 방법을 적용했고 신문을 보다가 나선으로 된 반복 현상을 발견한다. 결국 영화에서 수학자의 연구를 충실하게 표현하려 애쓴 장면은 단 하나도 없는 것이나 다름없다. 왜냐하면 이런 내용은 수학적으로 말이 안 되고, 맥스가 발견한 것처럼 나선에서 무엇인가 도출해 낼 수 있다는 얘기는 현실에서 일어날 수 없는 일이기 때문이다.

파이(π)

> **솔:** "너를 보면, 30년 전의 나를 보는 것 같아. 제자들 중에서 가장 뛰어나. 열여섯 살에 논문을 발표하고, 스무 살에 박사학위를 받고. 그런데 수학이 밥을 먹여 주진 않아. 난 파이(π)에서 수열을 찾으려고 연구하는 데 40년의 세월을 보냈어. 그런데 수열을 단 하나도 찾지 못했지."
>
> **맥스:** "하지만 선생님이 해 오신 연구가 아무 의미 없는 건 아닙니다."
>
> **솔:** "그렇지. 진전은 있었어. 하지만 수열은 없었고, 난 내기에서 졌네."
>
> **맥스:** "수열은 없었다…."

가장 유명한 수들의 순위를 매긴다면 π는 상위에 놓인다. 왜냐하면 가장 단순한 도형인 원과 관련되어 수많은 공식에 등장하기 때문

맥스가 신문의 주가 지면에 π의 특성 몇 가지를 끄적이고 있는 장면에서
원의 넓이 A, 반지름 r과 π를 연결하는 공식이 보인다.

이다. 더 자세히 들어가 보면, 원의 지름과 둘레는 비례해서 둘 중 하나의 길이가 2배로 늘어나면 나머지 역시 2배 늘어나고 3배로 커지면 다른 것도 3배 늘어나는 식이다. 그래서 원 둘레의 길이를 구하려면 원의 지름에 비례상수를 곱하는데, 이때 비례상수는 3보다 약간 크다. 17세기부터 이 비례상수를 그리스어 'περιφέρεια(페리페리아, 둘레라는 의미)'의 첫 글자에서 따온 'π'로 쓰기 시작했다. 이렇게 해서 원의 둘레 C와 지름 d를 연결 짓는 공식 $C = π \times d$이 성립되었다. 또한 원의 넓이 A가 반지름 r의 제곱과 비례하는데, 여기서도 비례상수를 π로 쓰며 $A = π \times r^2$라는 공식으로 표현된다.

비례상수 π는 3보다 약간 크다.

$$π \approx 3.14159265358979323846\cdots.$$

요즘 대부분의 사람들은 소수점 아래 둘째 자리까지의 π값을 암기할 수 있다. 2200년 전 π의 근삿값을 소수점 아래 둘째 자리까지 구했던 아르키메데스처럼 말이다. 16세기 아랍의 수학자 알카시(Al-Kashi, 프랑스 고등학생들에게는 '알카시의 정리'로 잘 알려진 인물)는 아르키메데스의 계산을 개선하고 π를 소수점 아래 열여섯 번째 자리까지 계산했다. 컴퓨터 과학이 등장한 이래로 계산된 π의 값은 1949년 소수점 아래 천 번째 자리, 1973년 백만 번째 자리, 1989년 십억 번째 자리 등 급격히 늘어났다. 그런데 영화 「파이」의 오프닝 크레딧에 등장한 π의 소수점 아래 아홉 번째 자리부터 틀린 것으로 보아 대런 애러노프스키 감독은 소수점 아래 여덟 번째 자리까지만 알고 있는 듯하다.

2019년 3월 14일(영어식 날짜 표기 03/14와 연결지어 파이 데이로 불린다), 구글의 일본인 엔지니어 엠마 하루카 이와오가 개발한 프로그램 덕택에 π의 소수점 아래 삼십일조 사천일백오십억 번째 자리까지 밝혀졌다. 그런데 솔직하게 말해서 π의 소수점 아래 자릿수를 이렇게 많이 계산하는 일은 수학적인 관점에선 무의미한 일이며 컴퓨터 과학의 성과로 봐야 한다. 하지만 점점 더 길어지는 π값을 관찰해 보니 소수점 아래 숫자의 나열에서 어떤 규칙도 없다는 특성이 확인되었다. π에서는 독특한 패턴이 발견되지 않는다. 아무리 완벽하게 규명되었다고 한들 π의 소수점 아래 수들은 무작위로 추출된 것처럼 보인다. 자연스레 이러한 π의 특징은 어떤 숨겨진 의미, 반복되는 패턴 또는 '수열'을 π 속에서 파헤치고 싶어 하는 모든 수

비학자들에게 문을 열어 주었다. 대런 애러노프스키 감독의 영화에서처럼 말이다. 그러니까 맥스의 옛 스승 솔이 결론을 얻지 못한 채 포기할 수밖에 없었던 연구가 바로 이런 것이다.

오늘날의 수학에서도 상수 π의 소수점 아래 수에 대한 추측이 몇 가지 있다. 이를테면 π가 무리수이고 초월수임을 잘 알고 있지만, 우주수인지는 아닌지는 모른다. 더 자세히 설명하자면 이렇다.

어떤 수가 두 정수의 분수로 표현될 수 있다면 그 수를 '유리수'라고 한다. 예를 들면, $\frac{2}{3}$ 또는 $\frac{73}{22}$이 있다. 유리수는 소수점 아래 수들이 어느 자리부터 순환하며 배열되는 특성이 있다. 즉 소수점 아래 수들이 결국 되풀이된다는 것이다. 소수점 아래 수들이 전혀 되풀이되지 않는다면, 그 수는 유리수가 아닌 '무리수'다. 영화의 첫 장면에서 이웃집 소녀 제나가 맥스에게 암산으로 73을 22로 나누면 무엇인지 물어본다. 맥스의 답은 3.3181818…이었다. 유리수이기 때문에 소수점 아래에서 1과 8이 무한대로 되풀이되는 것이다. 하지만 π는 무리수로 소수점 아래 수의 배열이 무한할뿐더러 절대 되풀이되지 않는다. 역사적으로 π를 막 연구하기 시작하던 시절에 π의 근삿값은 분수 형태의 유리수였다. 가령 아르키메데스가 내놓은 근삿값은 $\pi \approx \frac{22}{7}$이었다. 이 분수는 제나가 맥스에게 748을 238로 나누면 답이 무엇인지 물어보는 장면에서 슬쩍 등장한다. 두 수를 약분하면 $\frac{22}{7}$가 나온다.

그럼 이제 π에서 발견된 두 번째 특징으로 들어가 보자. 계수가 정수로 이루어진 다항 방정식, 즉 단순 연산(+, −, ×, ÷, 양의 정수 거듭제곱)과 정수만을 포함하는 방정식의 근이 되는 수를 '대수적 수'라고 부른다. 이를테면 $x^2 - 2 = 0$ 방정식의 근은 한 변의 길이가 1인 정사각형의 대각선 길이로 정의되는 $\sqrt{2}$다. 이렇듯 $\sqrt{2}$는 우리가 뒤에서 살펴볼 황금비와 마찬가지로 대수적 수다. 대수적이지 않은 수의 경우, 수가 '초월적'(신과는 전혀 관계없는 의미임)이라고 한다. π는 다항 방정식 어디에서도 근이 될 수 없기 때문에 초월적인 수이며, 이는 19세기에 증명된 바 있다. 또한 π가 초월수라는 특성은 눈금이 없는 자와 컴퍼스를 가지고 원과 동일한 면적의 정사각형을 작도하는 그 유명한 원적 문제를 해결할 수 없음을 증명해 준다.

마지막으로 π의 특징을 설명하기 앞서, '우주수'라 불리는 수가 있다. 우주수는 어떤 수의 소수점 아래로 숫자들의 유한 배열이 어디선가 어떤 형태로든 나타나는 수를 일컫는다. 우주수에서는 '42' 또는 '1111111111111'처럼 여러분이 원하는 숫자들의 유한 배열을 항상 찾을 수 있을 것이다. 가장 단순한 우주수는 모든 양의 정수를 배열해서 만든 '챔퍼나운(Champernowne) 상수'로 그 값은 C = 0.1234567891011121314…이다. 결국 우리는 어떤 형태로든 숫자들의 유한 배열을 분명히 찾아낼 수 있다. 비록 공식적으로 증명되지 않았지만, 소수점 아래 수조 번째까지 계산된 π를 보면 현재로선 π 역시 우주수일 수 있다고 생각할 만한 충분한 근거들이 있다. 이는 상상할 수 있는 모든 수의 배열이 π 어딘가에 있음을 의미한다. 가령 여러분의 생일(내 생일은 소수점 아래 일억 일천칠백구십만 사백오십 번째 자리에 있다), 전화번호(내 경우 소수점 아래 이억 번째 자리까지의 π 값에서 내 번호를 찾을 수 없었다), 사회 보장 번호, 최근 통장 입출금 내역의 숫자, 이 책의 전문(십진법으로 변환된 책에서), 현재 지구상 존재하는 모든 언어로 1분마다 이야기되는 여러분의 인생사 등등의 숫자를 π에서 발견할 수 있다. 물론 수의 배열이 길면 길수록 π에서 그 수의 배열을 찾기 힘들 것이다. 영화 「파이」에 등장하는 216자리의 숫자도 분명 π의 어딘가에 있다(영화에서는 π에 218자리의 숫자가 있다).

황금비

맥스: "16시 42분. 새로운 증명. 피타고라스. 수학자, 종교 지도자. 아테네. 기원전 약 500년 전. 주요 신념. 우주는 수로 이뤄졌다. 주요 기여. 황금 직사각형을 통해 기하학적으로 충실히 표현되는 황금비. 시각적으로 황금비는 가로와 세로의 조화로운 균형을 보여 준다. 황금 직사각형에 정사각형을 잘라 낸 나머지 부분은 처음에 있던 큰 황금 직사각형과 비율이 동일한 작은 황금 직사각형이며, 이런 식으로 점점 더 크기가 작아지더라도 비율은 무한히 같다.

11시 18분. 새로운 증명. 레오나르도 다 빈치. 화가, 조각가, 학자, 건축가. 자연주의자. 이탈리아. 15세기. 완벽한 황금 직사각형을 재발견하고, 이를 자신의 작품에 담았다. 황금 직사각형을 연결하는 곡선을 하나 그으면 전설의 황금 나선이 나타난다. 피타고라스는 자연에서 흔히 볼 수 있는 이 형태에 심취했다. 소라고둥의 껍데기, 숫양 뿔, 회오리바람의 소용돌이, 지문, 우리의 DNA, 심지어 은하수에서도 황금 나선을 볼 수 있다."

π에서 숫자 배열을 찾는 연구에 실패한 맥스는 신비주의에서 소
재로 활용되곤 하는 황금비(φ, 그리스 문자이며 'phi'라고 발음함)로 방
향을 돌렸다. 황금비가 몇 가지 흥미로운 특징을 가지고 있는 건 맞
지만, π만큼 보편적으로 존재하는 건 아니다. 그런데도 실제 수학적
쓰임새에 비하면 너무 유명하다. 이 부분에 대해 조금 더 자세히 설
명해 보려 한다.

황금비는 $\frac{(1+\sqrt{5})}{2}$이며 값은 약 1.61803이다. 그런데 고대 그리
스 시대부터 사람들은 대개 황금비의 값보다 황금비의 기하학적 측
면에 더 관심을 가졌다. 한 변의 길이가 1인 정사각형의 대각선 길
이 $\sqrt{2}$처럼, 황금비도 한 변의 길이가 1인 정오각형(모든 변의 길이
와 모든 각의 크기가 같은 5개의 선분으로 이뤄진 다각형)의 대각선 길이

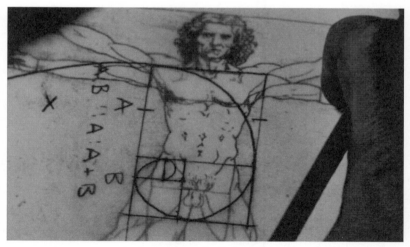

맥스가 레오나르도 다 빈치의 〈비트루비우스적 인간〉 위에 투사지를 덧대어 황금 직사각형과 황금
나선을 그리고 있다. 여기서 보이는 A : B :: A : A + B 등식은 황금 직사각형의
가로세로비를 의미한다(틀린 방식).

다. 피타고라스 학파 사람들은 정오각형 작도를 잘 알고 있었기 때문에, 피타고라스 학파에서 φ를 처음 썼을 수도 있다. 하지만 황금비에 대한 최초의 명확한 흔적[3]은 기원전 3세기 유클리드가 쓴 책에서 발견되었다.

영화로 다시 돌아가 보자. 앞서 언급된 장면에서 맥스는 가로세로비, 즉 긴 변과 짧은 변의 비가 황금비인 직사각형을 일컫는 황금 직사각형을 그렸다. 참고로 이 영화의 화면 비율은 보통 영화 화면에 거의 사용되지 않는 황금 비율에 가깝다. 황금 직사각형은 흥미로운 특징이 있다. 황금 직사각형에서 가로를 한 변으로 하는 정사각형을 자르고 남은 직사각형에서 긴 변과 짧은 변의 비가 처음 직사각형에서 긴 변과 짧은 변의 비와 같다는 점이다. 영화에서 맥스는 가로 A, 세로 A + B인 황금 직사각형을 그린다. A를 한 변으로 하는 정사각형을 떼어 내고 나면 가로와 세로가 A와 B인 직사각형이 남는다. 이 두 직사각형은 긴 변과 짧은 변의 비가 같아야 하는데, 이는 $\frac{A}{B}$(정사각형을 자르고 남은 직사각형의 긴 변과 짧은 변의 비)는 큰 직사각형에서 긴 변과 짧은 변의 비인 $\frac{A+B}{A}$와 같다는 의미다. A:B::A+B:A 등식으로 적을 수 있다. 따라서 영화 속에 등장한 공식은 틀렸다(등식의 순서가 바르지 않다).

황금 직사각형에서 정사각형을 잘라 내고 남은 직사각형의 긴 변과 짧은 변의 비가 처음 직사각형의 긴 변과 짧은 변의 비와 항상 같기 때문에, 계속해서 황금 직사각형을 만들 수 있다. 그러므로 직사각형의 크기가 점점 더 작아지더라도 긴 변과 짧은 변의 비율은

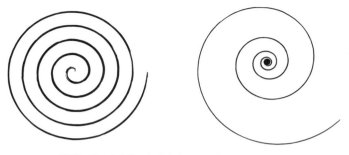

왼쪽은 아르키메데스의 나선이고, 오른쪽은 로그 나선이다.

항상 같다. 게다가 대각선으로 마주 보는 꼭짓점 2개를 이으면 나선이 만들어지는데, 이를 '황금 나선'이라 한다. 수학에서 수많은 곡선에 '나선'이라는 이름을 붙인다. 예컨대 끈을 감을 때 나타나는 아르키메데스의 나선과 한 점을 중심으로 끝없이 회전해 나타나는 '로그' 나선이 있다.

황금 나선은 로그 나선의 범주에 들어간다. 은하수, 소용돌이 또는 달팽이의 껍데기에서 보이는 각각의 나선형도 로그 나선인데, '황금'이라는 단어가 붙으려면 나선이 4분의 1 바퀴를 돌 때마다 계수 φ배만큼 커져야 한다. 일부 연체동물들의 껍데기가 황금 나선에 가깝다. 하지만 흔히 나선이라 하면 우리가 떠올리는 은하의 나선 팔은 황금 나선에 해당되지 않는다.

영화 「파이」에서는 황금비 이야기도 잘못 다뤄졌다. 맥스의 설명과 달리 고대 그리스 사람들은 로그 나선이 아니라 오히려 아르키메데스의 나선에 큰 관심을 가졌다. 게다가 무한대로 회전하는 이 나선들에 대한 연구는 17세기에서야 등장한다.

르네상스 시대에 들어와 프란체스코회 수도사 루카 파치올리(약 1445~1517년)가 『신성한 비례에 관하여』에서 황금비라는 신비로운 영역을 제대로 다뤘다. 파치올리는 같은 비율을 유지하면서 선분을 분할하는 '외중비 분할'의 문제를 다뤘고, 이러한 비례는 신이 만든 작품일 수밖에 없으므로 '신성하다'라는 단어로 표현해야 한다고 보았다. 한편, 파치올리는 자신의 책에 실을 그림을 당시 꽤 유명한 삽화가였던 레오나르도 다 빈치에게 의뢰했다. 그런데 책에 실린 삽화는 우리가 앞서 본 〈비트루비우스적 인간〉이 아닌 데다가 φ와 전혀 관계가 없었다. 레오나르도 다 빈치는 인간의 완벽한 비례가 신성한 φ가 아니라 4분할 또는 8분할을 기반으로 한다고 생각했던 고대 로마 시대의 건축가 비트루비우스의 글을 바탕으로 〈비트루비우스적 인간〉을 그렸다. 이렇듯 당시 미의 기준은 유리수 비율이었던 것이다. 하지만 영화에서 맥스는 〈비트루비우스적 인간〉 위에 황금 나선을 포개어 놓았다. 결국 이 장면은 '황금비의 완벽성'이라는 가설과 반대되는 데다가 서로 전혀 일치하지 않는 그림들이다.

파치올리 이후 시간이 흐르면서 황금비를 향한 관심도 사그라들었다. 그런데 19세기 독일 뮌헨 대학교와 라이프치히 대학교에서 철학과 교수를 지냈던 아돌프 차이징(1810~1876년)이 φ를 재발견했고, 황금비를 중심으로 미학 이론을 세워 형태론, 건축, 회화에 적용했다. 그의 이론은 '만약 당신이 [이런 작품]에서 황금비를 발견하지 못했다면, 그건 당신이 잘 살펴보지 않았기 때문이다'라는 문장으로 대략 요약된다. 그리하여 사람들은 파르테논 신전의 도면과 모차르트의 작품에서 황금비를 발견해 냈다. 회화, 조각이나 건축물에서 복잡한 부분이 조금이라도 보인다면 사전에 설정된 비율(황금 비율이거나 아니면 다른 비율)이 존재하는 게 거의 확실하다. 한마디로 우리가 찾기만 한다면 찾을 수 있다!

과연 황금비가 조화로운가에 대한 연구에 있어 합의된 결론은 없다. 이 질문에 대한 최초의 상징적 연구는 1874년 독일의 심리학자 구스타프 페히너(1801~1887년)가 이끌었던 연구였다. 정사각형부터 가로보다 세로가 2.5배 긴 직사각형까지, 긴 변과 짧은 변의 비가 서로 다른 직사각형 10개를 실험 참가자들에게 보여 주었다. 칠판에 흰색 직사각형들이 긴 변과 짧은 변의 비율 순서로 정리되었다. 페히너는 참가자들에게 각자 자신이 선호하는 직사각형과 가장 별로인 직사각형을 골라 달라고 했다. 총 347개의 답변 중에서 35%가 황금비($f = 1.618$)를 선호했으며, 20.6%는 $f = 1.5$, 20%는 $f = \frac{16}{9}$가 좋다고 답했다. 황금 직사각형을 가장 별로인 직사각형으로 고른 사람은 단 한 명도 없었고, 단 1.4%만이 황금비와 비율이 비슷한 2개의 직사각형 중 하나를 가장 별로인 직사각형으로 골랐다. 이러한 페히너의 실험 이후, 수많은 심리학자들이 실험 매뉴얼에 변화를 주면서(예컨대 실험 참가자들에게 편하게 직사각형을 그려 달라고 요청하는 식으로) 황금비가 정말 조화로운지 연구했다. 1995년 캐나다 심리학자 크리스토퍼 그린은 1874년부터 1992년까지 발표된 관련 연구 논문 40여 편을 한데 모아 정리했는데, 연구 결과가 모두 달라서 하나로 일치된 결과를 내지는 못했다. 대부분 f=1.6 비율 언저리에 있었지만 황금비에 대한 선호가 완전히 뚜렷하게 드러난 것은 아니었다.

산술적으로 황금비는 무리수이지만, '신성'하다고 불린 수치고는 놀랍게도 초월수가 아니다. 게다가 황금비는 $x^2 = x + 1$ 방정식의 근[4]이기 때문에 대수적 수다. π처럼 황금비(φ) 역시 우주수일지도 모른다는 강한 의구심이 들지만, 현재까지 이를 확인해 줄 수 있는 증명은 하나도 없다.

게마트리아와 피보나치 수열

레니: "그런데 히브리어는 수학이야. 봐봐. 숫자만 있어. 이걸 몰랐던 거야? 자, 여기 봐. 고대 사람들은 히브리어를 수 체계로 사용했어. 문자 하나에 숫자 하나. 예를 들면 히브리어의 첫 문자 알레프(א)는 숫자 1이고, 두 번째 문자 베트(ב)는 2야. 이런 식이지. 그런데 가장 놀라운 건, 숫자들 사이에 상관관계가 있다는 거야. 예를 들면 '아버지'는 히브리어로 '아브(אב)'인데, 베트 더하기 알레프야. 2 + 1 = 3. 그렇지? '어머니'는 히브리어로 '엠(אמ)'이니까 멤 그리고 알레프야. 40 + 1 = 41. 3 + 41 = 44. 그렇지? '자식'은 히브리어로 '엘레브(ילד)', 이건 4, 30 그리고 10… 44…! 이렇게 토라는 모두 숫자 나열이야. 어쩌면 신이 우리에게 보낸 암호일지도 모르지."

맥스: "흥미롭군."

레니: "그래. 이건, 어려운 것도 아니야. 더 복잡한 것도 있어. '에덴동산'은 히브리어로 '카뎀K(קדמ)', 문자를 다 더하면 144, 에덴동산에 있는

'지식의 나무'는 '에츠 하 하임'이니까 233… 144, 233. 그럼 이제, 네가 이 두 수를 가지고…"

맥스: "… 피보나치 수열이네."

레니: "뭐라고?"

맥스: "피보나치 수열."

레니: "피보나치?"

맥스: "피보나치는 13세기 이탈리아 수학자였어. 144를 233으로 나눈 값은 세타(θ)의 근사값이지."

레니: "세타?"

맥스: "그래. 세타. 그리스 상징. 황금비. 황금 나선."

레니: "와. 난 그렇게 접근해 본 적이 없어. 자연에서 찾을 수 있는 패턴을 말하는 거잖아. 해바라기꽃처럼."

맥스: "모든 소용돌이 모양들도 그렇지."

레니: "그럼 뭐야, 모든 게 다 수학이잖아."

'게마트리아(Gematria)'는 히브리어 율법인 토라(Torah)를 숫자로 변환해 분석하는 히브리어 수비학이다. 애러노프스키 감독은 여러 전문가들에게 게마트리아에 대해 자문을 구했다고 한다(그런데 왜 영화에서 다룬 수학적인 부분에 대해서는 자문을 요청하지 않은 걸까?). 영화에 등장하는 '아버지 + 어머니 = 자식'이 된다는 수의 일치는 게마트리아에서 잘 사용되고 있는 예문이기도 하다. 게마트리아 숭배자들은 히브리어 문자 22개가 각각 숫자 1개와 연관 있다고 생각하며

각 문자에 숫자를 연결 지으면서 레니는 맥스에게 '아버지 + 어머니 = 자식'을 증명해 보인다.

단어에 들어간 문자에 대응하는 숫자를 더해 단어에 값을 매겼다.

그렇지만 이런 식으로 숫자를 일치시켜서 얻을 수 있는 결론은 없다. 토라처럼 두꺼운 문서에서 이런 문자와 숫자의 대응 관계가 존재하지 않을 리 없다. 이를 증명하기 위해 1997년 컴퓨터 과학자 브렌던 맥케이는 두꺼운 책이라면 어디든 숨겨진 메시지가 담길 수 있다는 것을 밝혀냈다. 예컨대 그는 소설 『모비딕』에서 영국 전 왕세자비 다이애나의 사고, 트로츠키의 사형, 간디와 마틴 루터 킹 그리고 케네디와 링컨의 암살 예언을 찾아냈다.

영화에서 레니는 피보나치 수열에 나오는 두 숫자 144와 233을 강조하며 대화를 이어 간다. 피보나치 수열은 다음과 같다.

1, 1, 2, 3, 5, 8, 13, 21, 34, 55, 89, 144, 233, 377, …

1, 1부터 시작하는 피보나치 수열은 선행하는 2개의 항을 더해 새로운 항이 만들어지면서 수가 나열되는 방식이다.[5] 이 숫자들은 이미 고대 그리스 시대부터 유명했으며, 특히 인도에서는 산스크리트 시의 작시법과 연관된 문제에 등장하기도 했다. 그런데 이러한 수열에 이탈리아 수학자 레오나르도 피보나치(Leonardo Fibonacci, 약 1175~1250년)의 이름이 붙여졌다. 토끼의 번식 관련 수수께끼를 푼 피보나치의 답이 이 숫자들의 나열을 의미하기 때문이다.

토끼 농장 주인이 새끼 토끼 암컷과 수컷 한 쌍을 키웠다. 한 쌍의 토끼가 3달 후면 성숙기에 이르는데, 성숙한 토끼들은 매달 새끼 토끼 암컷과 수컷 한 쌍을 출산한다. 토끼가 한 마리도 죽지 않는다고 가정하면, 1년 후에 암컷과 수컷 토끼는 모두 몇 마리일까?

이 수열은 황금비와 연관이 있다(영화에서 맥스가 언급한 'θ'도 물론 존재하지만 아주 드물다). 수열에서 앞항으로 다음 항을 나눌 때, 황금비에 점점 더 가까운 근삿값이 나온다.[6] 예컨대, $\frac{89}{55}$는 소수점 아래 만 번째 자리에서 반올림한 φ값과 같고, $\frac{233}{144}$은 소수점 아래 십만 번째 자리에서 반올림한 φ값과 같다. 이렇듯 피보나치 수열은 분수 형태로 만든 수열을 통해서 황금비에 가까워질 수 있는 '가장 좋은' 방법을 제공한다는 것을 보여 준다.

φ와 연관된 덕분에 피보나치 수열은 황금비에 몰두하는 신비 신앙을 유산으로 물려받았다. 피보나치 수열을 향한 집착은 영화 「파이」 말고 다른 작품에서도 찾을 수 있다. 영화 중에는 2006년 댄 브라운의 소설을 원작으로 론 하워드 감독이 만든 영화 「다 빈치 코

드」와 피보나치 수열이 간간이 언급되는 라스 폰 트리에 감독의 영화 「님포매니악」이 있다. TV 시리즈 중에서는 미국 드라마 「크리미널 마인드」 시즌 4의 에피소드 8에서 살인범이 황금 나선과 피보나치 수열에 따라 살인을 계획하는 장면이 등장한다. 그리고 다음 장에서 흥미롭게 들여다볼 영화 「옥스퍼드 살인사건」에서도 피보나치 수열를 비롯한 논리적 수열이 이야기의 한가운데 있다.

알렉스 데 라 이글레시아 감독의 「옥스퍼드 살인사건(2008년)」
출연: 일라이자 우드, 존 허트, 레오노르 와틀링 등

1993년, 옥스퍼드. 미국 애리조나 출신의 대학생 마틴은 정수론에 대한 논문을 준비하고 있다. 그는 자신의 우상이던 아서 셀덤 교수와의 만남을 기대하며 영국으로 건너왔다. 은퇴를 앞둔 아서 셀덤 교수는 논리적 수열 전문가이자 철학자 루트비히 비트겐슈타인을 열정적으로 좋아하는 인물이다. 셀덤 교수와 더 가까워지기 위해서 마틴은 교수의 오랜 친구인 이글턴 부인의 집에서 하숙 생활을 하는데, 어느 날 이글턴 부인이 살해당한다. 살인범이 남긴 단서는 종이에 적힌 도형. 이는 수학자만 이해할 수 있는 논리적 수열의 첫 시작이었고, 이 수열을 가지고 마틴과 아서 사이에 수많은 논쟁이 오고 가게 된다. 이런 사건들이 벌어지는 동안에 마틴은 셀덤 교수로부터 내쫓긴 유학생 포도로프를 만났고, 간호사 로나를 만나 첫눈에 반한다.

논리적 수열(logical sequence)은
정말 논리적일까?

「옥스퍼드 살인사건(The Oxford Murders)」은 스페인의 영화감독 알렉스 데 라 이글레시아의 여덟 번째 장편영화이다. 그는 시나리오 작가, 제작자이기도 하다. 이 영화의 원작은 아르헨티나의 소설가이자 수학자이기도 한 기예르모 마르티네스가 쓴 『옥스퍼드 살인 방정식』이다. 책은 2003년 스페인에서 최고 권위의 문학상인 플라네타상을 수상했지만, 영화로 각색된 작품은 유난히 부정적인 비평을 받으며 영화 웹사이트 '로튼 토마토'에서 9% 평가 지수를 받았다. 시나리오가 억지스러웠고 등장인물들도 설득력이 부족했다는 평이 대부분이었다.

「옥스퍼드 살인사건」에서 다룬 수학 주제는 다양하다. π, 황금비, 피보나치 수열 등을 포함한 여러 '논리적' 수열, 피타고라스 학파의 수학 그리고 더 나아가 현실 세계를 설명하는 데 쓰이는 수학의 유용성 문제 등이 등장한다. 그런데 영화 속 인물들의 대화는 사실이 아닌 오류와 근사값들인데다가 비트겐슈타인의 연구에 대한 오류가 특히나 심해, 과학이나 철학 자문가가 없었다는 느낌을 강하게 준다.

비트겐슈타인이 말하는 진리

아서 셀덤: "아니야, 그 남자는 미치지 않았네. 총성이 난무한 전쟁터에서도 가만히 있을 수 없다면서 연구만 했던 인물일세. 수첩에 적힌 내용은 훗날 자신이 글을 다시 쓰기 시작할 때 중요한 자산이 되었지. 머릿속에서 떠오르는 생각들을 곧장 적어 내야만 했어. 단 일 초도 낭비할 수 없던 거야. 자신의 목숨을 위태롭게 할 정도로 중요했던 건 무엇이었을까? […] 『논리-철학 논고』. 20세기 주요 철학서로 손꼽히는 책이지. 그 군인의 이름은 루트비히 비트겐슈타인. 그는 사고의 한계를 밝혀냈어. 그가 풀고 싶어 했던 수수께끼는 '우리가 진리를 알 수 있는가?'였지. 역사적으로 보면 위대한 사상가들은 모두 2 + 2는 4가 된다는 명제처럼 어느 누구도 반박할 수 없는 명제, 확실성을 연구했어. 이러한 진리에 도달하기 위해서 비트겐슈타인이 사용한 방식은 수학적 논리였지. 인간의 열정으로부터 해방된 불변의 언어로써 수학적 논리는 확실성이 무엇인가에 대한 질문의 답을 찾는 데 가장 좋은 수단이지 않는가! 그는 무시무시한 결론에 도달하기까지 정직한 방식으로 방정식을 하나하나 살펴보며 천천히 전진했지. 수학 말고는 확실성은 어디에도 없었어. […] 결론부터 말하자면, 철학은 죽었어. 사람들이 말할 수 없는 것에 대해 침묵을 지키는 편이 낫기 때문이야."

영화의 초반 장면에서 아서 셀덤은 많은 학생들 앞에서 비트겐슈타인의 삶과 저서를 설명한다. 그런데 칠판에 적힌 방정식들은 그의 수업과 전혀 관계 없다.

1918년, 1차 세계대전에서 러시아 전방 부대에 맞선 오스트리아 군인 루트비히 비트겐슈타인은 20세기 빼놓을 수 없는 철학서로 꼽힌 『논리-철학 논고』의 원고 집필을 마쳤다. 100쪽이 채 되지 않는 이 독일어 논문은 비트겐슈타인이 생전에 출판한 유일한 책이다.

책의 서술 방식을 보면 놀랍고 거부감이 일어날 수 있다. 왜냐하면 아포리즘, 즉 짧은 명제들로 구성되어 있기 때문이다. 전체적으로 차근차근 계층화되어 있는 이 논문은 주요 아포리즘이 1번부터 7번까지 번호가 매겨지고 여기에 주석이 달리는데 이 주석에 대한 주석이 또 덧붙여지는 식이다. 전체적인 순서에 따라 각 명제에 정확하게 번호가 붙여졌다. 예컨대 명제 1('세상은 일어나는 일의 모든 것이다')에는 명제 1.1('세상은 사물들의 총체가 아닌, 사실들의 총체다')와 명제 1.2('세상은 사실들로 나뉜다')가 뒤따르는데, 명제 1.11, 1.12, 1.13은 명제 1.1에 대한 주석이다. 형식적으로 적힌 명제들이 이렇게 얽혀 있어서 문장의 흐름을 따라가기 힘들 정도다. 게다가 비트겐슈타인은 논리적 도식과 수학 공식에 대한 자신의 논증을 거침없이 서술했고, 이 분야에 문외한 독자들은 그가 쓴 글을 간신히 이해했다.

영화에서 셀덤 교수는 비트겐슈타인 철학의 전문가로 소개된다. 그런데 비트겐슈타인의 사상 해석에 있어 몇 가지 오류를 범했다. 셀덤 교수가 언급한 내용과 달리, 진리 혹은 확실성에 대한 물음이 『논리-철학 논고』의 중심은 아니다. 『논리-철학 논고』에서는 '우리가 진리를 알 수 있는가?'에 대한 답을 찾을 수 없다. 이 책을 통해 비트겐슈타인은 세상을 설명하려 애쓰지 않았다. 오히려 세상의 한계를 규명하기 위해서 언어가 세상을 설명할 수 있다는 것을 보여 주는 데 공들였다. 그는 논리적이고 형식적인 접근을 통해 철학이 가르칠 수 있는 것 또는 그럴 수 없는 것들이 무엇인지 경계를 그었다. 예컨대 윤리(선과 악은 무엇인가?)는 말할 수 있는 영역의 경계선 밖에 있다고 생각했다. 비트겐슈타인에 따르면 구체적 사실에 대해 말하지 않는 명제는 의미 없는 문장일 수밖에 없다. 그래서 윤리적 명제('살인은 악이다')는 사실들을 통해 구체적으로 표현될 수 없기 때문에 말할 수 있는 영역에서 배제되었다.

그래서 『논리-철학 논고』의 명제 7은 '우리가 말할 수 없는 것들에 대해 침묵해야 한다'라는 결론에 이른다. 따라서 논리는 언어와 떼어놓을 수 없다. 이처럼 비트겐슈타인은 우리가 논리적으로 생각할 수 있는 것, 즉 말할 수 있는 것과 그렇지 않은 나머지, 즉 말로 표현할 수 없는 것 사이의 경계를 그었다.

비트겐슈타인의 논리적 수열과 모순

경찰: "원이요? 서명 같은 건가요?"

아서: "아, 아니에요. 그건 논리적 상징인 게 분명합니다. 논리적 수열의 첫 번째 항이죠."

경찰: "죄송하지만, 무슨 말인지 모르겠군요. 학창 시절에 논리적 수열 수업이 있는 날 제가 결석했나 봅니다."

아서: "논리적 수열은 미리 짜인 규칙에 따라서 연속되는 요소들의 집합이에요. 1, 2, 3, 4가 될 수도 있고, 아니면 2, 4, 6, 8 같은 짝수를 나열한 것도 있지요. 피보나치 수열도 그렇고요."

[…]

경찰: "그럼 이 원은, 무얼 의미하는 거죠?"

아서: "아, 어떤 논리적 수열의 시작이지요. 애매모호한 상징은 없어요. 무엇이든 의미할 수 있어요."

경찰: "그럼 선생님께서는 또 다른 살인이 일어날 것이라고 생각하십니까?"

아서: "그럴 거라고 생각합니다. 범인이 누구인지 서둘러 알아내지 못한다면, 또 다른 살인이 발생할지도 몰라요."

셀덤 교수와 마틴이 숨진 이글턴 부인을 발견한 후 그들은 경찰 조사를 받았다. 셀덤 교수는 검은 선으로 그려진 상징과 함께 '수열의 첫 번째'라고 적힌 살인 예고 메시지를 받았다고 설명했다. 교수는 살인범으로부터 받은 메시지가 논리적 수열의 첫 번째 항일 것이라 의심했다.

논리적 수열은 일종의 수수께끼로 숫자나 상징들 사이에 만들어진 규칙을 풀어 수열을 완성하는 것이다. 셀덤 교수는 마틴에게 '바보의 수열'이라 부르는 상당히 유명한 논리적 수열을 예로 든다. 문제는 다음과 같다. 다음 아래의 논리적 수열에서 네 번째 항은 무엇일까?

논리적으로 수열을 완성해 보자. 이 수열에는 간단한 규칙이 있다는 사실을 알아차릴 수 있다. 왜냐하면 숫자 1, 2, 3이 거울에 비춰 나란히 놓인 이미지이기 때문이다. 따라서 논리적으로 네 번째 항은 가운데 가로줄이 그어진 'M', 숫자 4가 거울에 비춰 나란히 놓이면서 좌우 대칭되는 이미지일 것이다. 이렇게 찾은 네 번째 항이 논리적 수열을 완벽하게 채웠기 때문에 문제가 해결되었다. 그렇지만 어떤 것이든 다른 그림이 네 번째 항에 들어갈 수 있음이 증명된다면, 그것도 답이 될 수 있을 것이다. 이를테면 어느 수열에서 서로 다른 그림 3개만 반복된다고 가정해 보자. 네 번째 그림이 첫 번째와 같은지 확인하면 된다. 예상했던 답이 아니라고 해서, 두 번째 답이 덜 '논리적'인 건 아니다. 이를 증명하기 위해서 규칙을 아주 복잡하게 만들더라도, 어떤 그림이든 수열의 다음 항을 채울 수 있다.

이렇듯 논리적 수열을 완성하기 위한 '논리적' 방식은 항상 여러 개가 있다. 영화에서 셀덤 교수는 이 모순이 루트비히 비트겐슈타인의 주장이라 설명했다. 그럼 앞서 예로 나온 바보 수열 문제를 '잘못' 푸는 척했어야 하냐고 반문할 수도 있다. 그런데 실제로 너무 빠르게 유추하면 여러 위험이 생길 수 있으며, 어떤 경우에는 수학 문제를 풀 때 주의가 요구되기도 한다. 머릿속에 떠오르는 단순한 논리적 규칙이 반드시 올바른 답이 아니라는 말이다. 다음 문제가 그러한 경우다.

원 둘레에 여러 점을 놓고 끈으로 점들을 서로 연결한다. 점 1개, 2개, 3개, 4개, 5개, 6개를 골라서 끈으로 연결하면 분할되는 면은 몇 개인가?

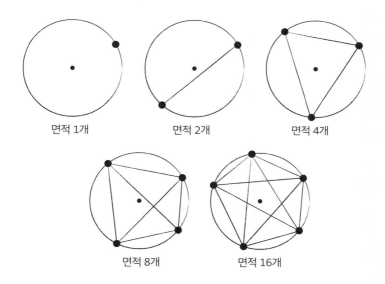

면적 1개 면적 2개 면적 4개

면적 8개 면적 16개

이 문제를 푸는 가장 간단한 방법은 직접 그려서 분할된 면의 개수를 세는 것이다. 원 둘레에 점이 1개인 경우, 끈으로 선을 그을 수 없으므로 면은 1개다. 점이 2개일 때에는 끈이 원을 면 2개로 분할한다. 점 3개일 때 끈으로 선 3개가 만들어지면서 총 4개의 면으로 분할되고 그중 하나는 삼각형이다. 그리고 점 4개일 때 분할되는 면은 8개이며, 점 5개일 때 16개의 면으로 분할된다. 따라서 1, 2, 4, 8, 16…이라는 논리적 수열에 이르고, 그다음에 32로 수열을 완성시키려는 시도를 하게 된다. 왜냐하면 수열에서 앞항들을 보면 2의 거듭제곱과 일치하기 때문이다. 그렇다면 각 항은 앞항에서 2를 곱해 얻어지므로 뒤이어 오는 항도 앞항에 2를 곱하면 될 것이라고 생각하게 된다. 그런데 실제로는 2의 거듭제곱이 아니다. 점이 6개일 때 분할되는 면은 32개가 될 수 없으며 최대 31개로만 분할된다. 이 수열의 규칙은 우리가 수열의 앞항들을 보면서 생각해 낼 수 있는 규칙보다 좀 더 복잡하다. 결국 1, 2, 4, 8, 16… 수열을 채울 수 있는 모든 방식 중에서 다른 값보다 더 알맞아 보이는 듯한 값이 몇몇 있으나 어떤 것도 미리 배제되어선 안 된다. 복잡한 규칙만으로도 값이 달라진다. '온라인 정수열 백과사전'이라는 사이트에는 흥미로운 수열 30만여 개가 목록으로 정리되어 있는데, 이중 1, 2, 4, 8, 16… 수열을 논리적으로 채울 수 있는 800여 가지의 방법들이 소개되어 있다.

한편, 이글턴 부인 살인사건 이후 다른 범죄 현장에서도 여러 새로운 상징 그림이 발견되기 시작한다. 그림들 사이에 만들어진 논리적 수열이 수사의 중심이 되고, 경찰들은 다음에 올 그림이 무엇일지 추측하면서 살인범의 동기를 간파해 내고 싶어 한다. 수열은 원부터 시작해서 두 번째로 원의 호 2개가 겹쳐진 그림이 등장하고 삼각형이 세 번째로 뒤를 이었다. 그렇다면 네 번째 그림은 무엇일까? 네 번째가 존재할까? 유일무이한 상징 그림일까? 이렇게 완성된 수열은 과연 논리적 수열일까?

테트락티스

> **마틴:** "아, 찾았어!"
>
> **로나:** "피타고라스 학파의 교단이야?"
>
> **마틴:** "수학의 아버지들이야. 자신들의 비밀을 드러내는 게 금지 사항이었어. 그들은 마치 종파처럼 활동했지. 수는 성스러웠고. 신성한 힘의 근원이었어. […] 어딘가에 분명 언급된 적이 있을 거야. 여기 어떤 도식이 있어야 해, 어떤…."
>
> **로나:** "이런 거?"
>
> **마틴:** "맞아. 완벽해. 하나: 모든 것의 첫 번째 요소. 완전함 안에서의 통일."
>
> **로나:** "물고기야."
>
> **마틴:** "사람들은 '베시카 피시스(Vesica piscis)'가 기독교의 상징이라 생각했어. 그런데 그보다 훨씬 오래됐어. 간단히 말해서, 둘: 두 원의 교차, 대립의 상징, 이원성, 선과 악의 전쟁이야. 셋: 삼위일체, 반대되는 것들의 총합체, 전쟁 이후의 평화."

완성된 수열은 점들이 삼각형을 이룬 테트락티스 수열이다. 피타고라스 학파에서 테트락티스는 우주의 조화를 의미했다.

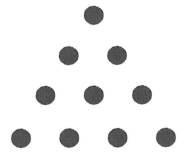

우리가 앞 장에서 봤듯이 피타고라스와 그의 제자들은 정수와 정수의 비를 중심으로 자신들의 철학을 설명했다. 그래서 정사각형이나 삼각형과 같은 도형으로 정수를 표현하는 일이 흔했다. 예컨대 숫자 9는 한 변의 점이 3개가 들어가는 정사각형을 9개의 점으로 표현될 수 있기 때문에 '정사각수(＝완전제곱수)'라고 불렀다. 피타고라스 학파는 '3×3＝9' 등식이 수적이면서 기하학적 특성이라 여겼다. 마찬가지로 숫자 10은 한 변의 점이 4개가 들어가는 정삼각형을 10개의 점으로 표현될 수 있기 때문에 '삼각수'라 불린다. 점 4개, 3개, 2개, 1개 순으로 4개의 층을 쌓으면 된다. '테트락티스(tetraktys)'라 부르는 이 형상은 '1 + 2 + 3 + 4 = 10' 등식으로 표현된다.

피타고라스 학파는 테트락티스를 기하학의 총합체로 해석했다. 그들은 숫자 1이 점 1개로 표현되며, 이는 기하학의 기본 단위라고 생각했다(영화 속에서 나온 원). 숫자 2는 직선에 해당하는데, 그 이유는 점 2개로 충분히 직선을 정의할 수 있기 때문이다. 영화에서는 숫자 2가 두 원의 교차를 상징했고, 이를 '베시카 피시스(Vesica piscis, 물고기의 부레를 뜻하는 라틴어)'라고 불렀다. 베시카 피시스는 유클리드 『원론(Elements)』에 등장하는 첫 번째 도형인 정삼각형 작도를 할 때 활용된다. 숫자 3은 점 3개로 삼각형이 표현되어 평면 1개가 만들어진다. 마지막으로 숫자 4는 우리를 입체기하학의 세계로 이끌어 주는 사면체(각 면이 삼각형인 피라미드)의 꼭짓점 4개와 관련 있다.

이렇게 수에 대한 기하학적 표현 방식은 미적 측면을 너머 수들 사이에 흥미로운 관계를 입증하곤 한다. 이를테면 $1 + 3 = 4 = 2 \times 2$, $1 + 3 + 5 = 9 = 3 \times 3$, $1 + 3 + 5 + 7 = 16 = 4 \times 4$처럼 소수의 합은 항상 정사각수라는 것을 확인할 수 있다. 이러한 산술적 특성은 기발한 분할법을 통해서 기하학적으로 아주 잘 표현된다.

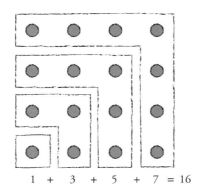

$$1 + 3 + 5 + 7 = 16$$

페르마의 정리

마틴: "헨리 윌킨스? 헨리 윌킨스가 누구야? […] 페르마의 마지막 정리를 푼 사람이야?"

포도로프: "소문에 따르면 그래. 캠브리지 대학교 수(數) 강연에서 3일 동안 이를 증명할 예정이지. 지난 3세기 동안 가장 복잡한 수학 문제를 그가 풀었어. 그 증명을 해낼 뻔했던 사람이 누군지 아나? 바로 나! 유리 이바노비치 포도로프!"

마틴: "네가 페르마의 마지막 정리를 증명했다고?"

포도로프: "아니, 당연히 아니지! 하지만 당신 친구 셸덤이 내 증명을 훔치지만 않았어도 내가 그 자리에 있었을 거야."

마틴: "뭐라고? 그게?"

포도로프: "바로 내가 다니야마의 추측 없이 페르마의 추측을 풀 수 있다는 사실을 발견했어.. 각 모듈러 형식마다 타원 곡선이 있고, 각 타원 곡선마다 모듈러 형식이 있지."

마틴: "취했군."

마틴의 동료 유리 포도로프는 셀덤 교수을 향한 적개심을 품고 있는 인물이다. 그가 그렇게 화가 난 이유는 8년 전 셀덤 교수가 17세기부터 미해결 문제였던 그 유명한 페르마의 추측을 푸는 데 필요한 핵심 아이디어를 뺏었기 때문이다.

이 문제를 이해하려면 우선 피타고라스의 정리를 살펴봐야 한다. 모두 알다시피, 직각삼각형에서 가장 긴 변의 제곱(빗변)은 다른 두 변(밑변과 높이)의 제곱의 합과 같으며, 역으로도 마찬가지다. 예

헨리 윌킨스가 페르마의 정리를 증명하는 발표를 마치고 있다.
모듈러 형식 이론에서 등장하는 푸리에 급수의 표현이 칠판에 적혀 있다.

컨대 직각삼각형의 밑변과 높이의 길이가 각각 28 cm와 45 cm라면, $28^2 + 45^2 = 2,809 = 53^2$이므로 빗변의 길이는 53 cm임을 확인할 수 있다. 마찬가지로 세 변의 길이가 각각 3 cm, 4 cm, 5 cm인 삼각형은 $3^2 + 4^2 = 5^2$이므로 직각삼각형이다.

이제 직각삼각형을 내버려 두고 피타고라스의 정리에서 다룬 기하학적 모양도 잊어버리자. 오로지 산술적 측면, 즉 등식에 적용된 수만 살펴보자. (3 ; 4; 5)처럼 정수 세 쌍(a ; b ; c)이 $a^2 + b^2 = c^2$ 등식을 만족하면, 우리는 이 세 쌍을 '피타고라스 세 쌍'이라 부른다. 게다가 이 세 쌍을 여러 개 마구 만들어 낼 수 있는 공식[7]이 하나 있는데, 고대 그리스 사람들은 이를 이미 알고 있었다. 이 세 쌍의 기원은 피타고라스 시대 이전으로, 최초 흔적이 기원전 19세기 바빌로니아 수학으로 거슬러 올라간다.

우리가 제기할 수 있는 문제는 이 피타고라스의 세 쌍이 2의 제곱이 아닌 거듭제곱인 경우에도 성립되는지다. 세제곱수가 다른 두 세제곱수의 합과 같을 수 있을까? 네제곱수가 다른 두 네제곱수의 합과 같을 수 있을까? $0^3 + 1^3 = 1^3$과 같은 명백한(또는 '자명한') 해를 차치하면 불가능한 것처럼 보인다. 바로 이것이 페르마의 추측이다.

'$n > 2$일 때 방정식 $a^n + b^n = c^n$을 만족하는 자명한
정수 해는 존재하지 않는다.'

이 문제는 17세기부터 시작되었다. 프랑스 수학자 피에르 드 페

르마(Pierre de Ferma)는 피타고라스의 세 쌍에 흥미를 가졌고, 2보다 더 큰 수의 거듭제곱에서도 등식이 성립하는지 문제를 제기했다. 그는 2보다 더 큰 수의 거듭제곱으로는 불가능하다고 확신했으며 이에 대한 영감을 얻은 디오판토스의 『산학(Arithmetica)』 여백에 '정말 멋진 증명을 발견했으나 이를 쓰기에 여백이 너무 좁다'라고 적었다. 그리하여 '위대한 페르마의 마지막 정리'가 탄생했던 것이다. 그런데 정확하게 증명된 수학 명제일 때만 '정리'라고 하기 때문에, 이 문제를 '정리'라고 불러선 안 된다. 피에르 드 페르마가 정말 증명을 알고 있었는지는 아무도 확인할 수 없다. 이 유명한 여백도 페르마가 사망한 지 5년이 지나서야 발견되었다. 수많은 수학자들(그리고 이 문제에서 명백하게 보이는 단순성에 속은 아마추어 수학자들)이 페르마의 추측을 증명하거나 반증하려 애썼지만 헛된 일이었다. 마침내 1993년 영국의 수학자 앤드루 와일스가 최초로 완벽한 증명을 발표했고 이 수수께끼를 둘러싼 지난 300년 동안의 추적에 종지부를 찍었다.

그런데 영화의 시나리오 작가가 페르마의 정리에 대한 내용을 제멋대로 썼다. 영어 원어 버전에서는 페르마의 정리를 '보르마의 정리'라고 말했고, 이 부분은 프랑스어 더빙판에서 정정되었다. 앤드루 와일스의 경우, 영화에서 헨리 윌킨스라는 이름으로 바꿨다. 영화에 나온 연구 과정은 앤드루 와일스의 이야기에서 따왔는데, 실제로 앤드루 와일스는 페르마 정리를 증명하는 연구를 7년 동안 비밀리에 했다. 포도로프가 언급한 '다니야마의 추측'은 세련된 특성을 가진 기하학적 곡선에 해당하는 타원 곡선과 복잡한 함수인 모듈러 형식 사이의 관계다. 세부적인 내용은 다소 전문적이기에 이 부분에 대해서는 더 길게 말하지 않겠다.

페르마의 추측은 우리가 드라마나 영화에서 자주 접하는 수학 문제 중 하나다. 예를 들자면 2010년 TV 시리즈 「닥터 후」(시즌 5의 1화, 〈열한 번째 시간〉)에서 닥터가 그 유명한 페르마의 정리에 대한 '진짜' 증명을 발표한다. 그리고 TV 시리즈 「말콤네 좀 말려 줘」(시즌 1의 8화, 〈공포의 피크닉〉)나 애니메이션 「방학 대소동」(시즌 3의 2화, 〈우리 중 천재〉), 이 책 뒤쪽에 나오는 영화 「굿 윌 헌팅」을 패러디한 이야기에도 페르마 정리가 언급된다. TV 시리즈에 등장한 페르마의 정리 중에서 가장 기억에 남을 만한 이야기는 1995년 방영된 「심

TV 시리즈 「말콤네 좀 말려 줘」에서 밀러 선생님 수업의 학생들이 '작은 천재들의 서커스'에 참여해 저마다 과학적 숫자를 표현했는데, 학생 중 한 명인 플로라가 페르마의 정리와 증명 요소를 발표했다.

슨 가족」의 에피소드(시즌 7의 6화, 〈공포의 트리하우스 VI〉)다. 호머가 기묘한 3차원 세계에 빨려 들어갔는데 그곳에 페르마 정리의 반례인 듯한 '$1782^{12} + 1841^{12} = 1922^{12}$' 등식이 둥둥 떠다닌다! 이 등식은 거짓이니 안심해도 된다. 틀렸음을 확신하기 위해 등식의 두 변이 같은지 계산해 보면 속임수[8]라는 게 밝혀진다. 따라서 페르마의 정리가 허를 찔린 게 아니었다. 그런데 계산기로 이 등식을 확인해 보면 양변의 차가 특히 미미해 '등호'에 가까워서 하마터면 반례가 될 뻔했다. 실제로 상대 오차는 100억분의 1이다.

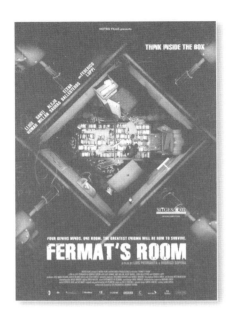

루이스 피에드라이타 감독과 로드리고 소페냐 감독의
「페르마의 밀실(2007년)」
출연: 알레조 사우라스, 루이스 오마르, 엘레나 바예스테로스 등

'페르마'라는 사람이 '결코 해결된 적이 없는 가장 유명한 수수께끼'를 푼다는 목적으로 똑똑한 사람들을 초대하는 저녁 파티를 계획한다. 서로에 대해 모르는 네 명의 수학자들이 초대를 받았는데, 이들은 유명한 수학자의 이름을 가명으로 사용한다. 갈루아는 수학과 대학생으로, 골드바흐의 추측을 증명했다고 발표했으나 얼마 뒤 그 증명을 도둑맞았다. 은퇴한 늙은 수학자 힐베르트는 수수께끼를 무척이나 좋아한다. 올리바는 체스를 잘하는 젊은 여성이다. 파스칼은 술을 좋아하는 엔지니어다. 저녁 식사 후, 페르마는 부득이한 사정이 생겨 파티 장소를 떠났다. 그리고 모임의 진짜 목적이 밝혀진다. 그들이 있는 공간의 네 벽면에 수력 압축기가 설치되어 있어 방이 천천히 좁아지고 있었다. 그곳에서 탈출하는 데 주어진 시간은 약 1시간. 그 안에 페르마가 보낸 논리적 수수께끼들을 풀어야 한다. 그뿐 아니라 그들은 왜 자신들이 모이게 되었는지 그 이유와 이 덫을 계획한 인물의 진짜 의도도 파악해야만 한다.

과연 물의 압력을 받으면서
수학 수수께끼를 풀 수 있을까?

「페르마의 밀실(La habitación de Fermat)」은 스페인의 두 감독 루이스 피에드라이타와 로드리고 소페냐가 함께 연출한 유일한 영화이며, 시나리오도 같이 썼다. 한 장소에서 촬영된 저예산 영화로 10년 앞서 개봉한 영화 「큐브」에서 일부 영감을 받았다. 두 감독은 수학을 공부한 적은 없지만, 루이스 피에드라이타 감독은 마술사로 인기를 얻었고, 그런 활동으로 수수께끼와 재치에 센스가 생겼다. 이들은 영화 크레딧에 올라가는 과학 자문가 하나 없이 오로지 자신들이 탐구한 것들로 영화를 구현했는데, 그러다 보니 많은 수학 자료를 참조해 시나리오를 썼다.

수학자들의 삶과 죽음

힐베르트의 친구: "자네 수수께끼 좋아하지? 이 문제 풀 수 있는지 한번 보자고. 게오르크 칸토어, 다니야마 유타카, 쿠르트 괴델의 공통점은?"

힐베르트: "공통점? 셋 다 수학자이고, 후대에 이름을 남겼고…."

힐베르트의 친구: "그리고 셋 다 미쳐 버렸지!"

이 영화에서는 수많은 수학자의 이름이 등장하는데, 결코 무작위로 선정된 게 아니다. 언급된 수학자들의 삶은 덫을 계획한 인물의 동기와 정체에 대한 몇 가지 힌트를 관객들에게 넌지시 주고 있다.

영화 초반 힐베르트와 그의 친구가 나눈 대화에서 칸토어, 다니야마, 괴델이 '미쳐 버린' 수학자의 예로 언급된다. 독일의 논리학자 게오르크 칸토어(1845~1918년)는 집합론의 선구자로 실제 40대부터 만성 우울증을 앓았다. 무엇보다 그는 다양한 크기의 무한대가 존재한다는 것을 발견했으나 반직관적 결론이었던 까닭에 일부 수학자들은 거칠게 그의 연구를 거부했다. 동료들의 적대감은 칸토어의 정신 건강에도 좋지 않은 영향을 주었다. 다니야마 유타카(1927~1958년)는 일본의 수학자로 대수학을 연구했다. 타원 곡선에 대한 그의 추측 덕분에 수년 후 앤드루 와일스가 페르마의 추측을 풀 수 있었다. 안타깝게도 그는 우울증을 앓다가 31세의 나이로 스스로 생을 마감했다. 마지막으로 오스트리아의 논리학자 쿠르트 괴델(1906~1978년)은 불완전성 정리를 발표하면서 학계에 혁명을 일으켰다. 건강염려증과 망상장애가 있던 그는 독살당할 것을 두려워해 아내 아델이 차려 주는 밥상이 아니면 먹지 않았는데, 아내가 병원에 입원한 동안에 굶어 죽었다.

영화 중반으로 들어가서 페르마가 초대한 손님들이 등장한다. 각자 힐베르트, 갈루아, 파스칼, 올리바라는 가명을 썼고, 이는 영화의 이야기를 풀어 나가는 데 중요한 역할을 한다. 한 명을 제외하고 모두 유명한 수학자의 이름이다. 피에르 드 페르마(Pierre de Fermat, 약 1605~1665년)는 프랑스 천재 수학자이자 수세기 동안 풀지 못했던 문제, 그 유명한 '페르마의 마지막 정리'의 장본인이다. 독일의 다비트 힐베르트(David Hilbert, 1862~1943년)는 20세기 초에 가장 존경받는 수학자 중 한 명이었다. 1900년 8월 파리에서 열린 제2회 세계 수학자 대회에서 힐베르트는 23가지의 문제를 제시했고, 이후 이 문제들은 1900년대 내내 수학 연구의 중심이 되었다. 에바리스트 갈루아(Évariste Galoir, 1811~1832년)는 총명했던 프랑스 수학자로 대수학에서 '군(group)' 연구의 선구자다. 연인과 이별 이후 갈루아는 죽음을 피할 수 없다는 것을 예견하면서 결투 신청을 받아들여야 했다. 그래서 권총 결투 전날 밤, 그는 자신의 수학 연구를 유언으로 서둘러 작성했고, 유언장의 내용은 오늘날 갈루아 이론의 기반이 되었다. 겨우 스무 살이라는 이른 나이에 세상을 떠난 에바리스트 갈루아는 불행하고 이해받지 못한 로맨티스트 천재의 전형이기도 하다. 블레즈 파스칼(Blaise Pascal, 1623~1662년)은 수학, 물리학, 철학 등을 고루 섭렵했던 프랑스 학자다. 사람들은 그를 확률론, 사영기하학, 수학적 귀납법의 아버지로 여긴다. 마지막으로 올리바 사부코(Oliva Sabuco, 1562~1622년)는 수학과 아무런 관계가 없는 인물이다. 스페인의 철학자인 그녀는 25세에 발표한 논문에서 의학의 전체론적 접근을 도입했다. 영화의 시나리오 작가들은 이 수학자들이 사망했을 당시의 나이를 영화 플롯의 일부로 활용했는데, 이로 인해 사부코가 25세에 사망했다는 암시를 주면서 이해할 수 없는 오류를 범했다.

케플러의 추측

> **힐베르트:** "내가 최근에 참석했던 회의에서 이걸 다뤘었어." (손에 오렌지 하나를 쥐고 있다.)
>
> **올리바:** "오렌지요?"
>
> **힐베르트:** "아니! 구를 쌓는 방식에 대한 케플러의 오래된 문제야."
>
> **갈루아:** "여전히 미해결 문제지."
>
> **파스칼:** "문제는 수학자들이 실생활에 쓸모없는 멍청한 짓거리에 자신의 한평생을 보낸다는 거야."

여기서 힐베르트는 오렌지를 쌓는 최적의 방법, 더 자세히 설명하면 '크기가 모두 동일한 구들을 가능한 한 가장 촘촘하게 쌓으려면 어떻게 놓아야 할까?'라는 문제를 언급했다. 행성 운동을 지배하는 3가지 법칙을 발견한 천문학자로 잘 알려진 요하네스 케플러(Johannes Kerplers)는 수학을 잘하는 학생들 사이에서도 유명하다. 최

케플러의 추측은 오렌지를 쌓는 최적의 방법에 관한 문제다.

적의 구 쌓기 방법에 대한 케플러의 추측은 1611년부터 시작되었고, 300년 후 (진짜) 힐베르트가 제시한 23가지 문제 중에서 열여덟 번째 문제로 등재되었다.

그럼 어떻게 하면 오렌지를 완벽하게 쌓을 수 있을까? 먼저 탁자 위에 오렌지로 첫 번째 층을 깔아 놓자(여기서 오렌지는 완벽한 구 모양이며 크기가 엄격하게 모두 같다고 가정한다). 직감적으로 우리는 이 오렌지들을 고르게 배열해야 한다고 추측하게 된다. 그렇다면 단 하나의 방법만 남는다. 각각의 오렌지가 다른 6개의 오렌지(가장자리에 있는 오렌지들을 제외)에 둘러싸이는 방식이다. 그리고 나서 오렌지들의 중심을 이어 보면 정삼각형 격자가 만들어진다. 이 삼각형 격자가 만들어지게끔 배열된 오렌지들이 평면적의 91%를 차지하기 때문에 평면 위에 여러 개의 구를 배치할 수 있는 모든 방법 중에서 가능한 한 가장 빽빽하다는 것을 증명해 준다.

첫 번째 층을 만들고 나면 두 번째 층을 쌓을 차례다. 첫 번째 층의 오렌지 3개가 붙으면서 생기는 빈 공간 위에 새로운 오렌지를 수월하게 놓을 수 있다. 이 빈 공간들 위에 오렌지들을 놓아 첫 번째 층과 동일한 두 번째 오렌지 층을 쌓고 나면, 첫 번째 층의 격자에서 살짝 어긋난 정삼각형 격자가 새로 만들어진다. 이러한 방식으로 우리는 앞서 첫 번째와 두 번째 층과 동일한 세 번째 층, 네 번째 층 등등을 연이어 쌓을 수 있다. 이 과정을 계속하면 오렌지들이 전체 부피의 약 74%를 차지하는 쌓기가 된다. 참고로 채소가게 점원은 본능적으로 이 방법으로 과일을 쌓아 진열대에 아름다운 과일 피라미드를 만든다.

더 빽빽하게 구들을 쌓는 방법이 또 있을까? 케플러의 추측에 따르면 없다. 그렇다면 이를 확실하게 증명해야 한다. 역사는 케플러의 말이 옳다고 할 것이다. 실제로 영화가 개봉되었을 당시, 케플러의 추측이 해결되었다. 미국의 수학자 토머스 헤일스가 1998년 증명을 제시했고, 2015년 최종적으로 인정받았다.

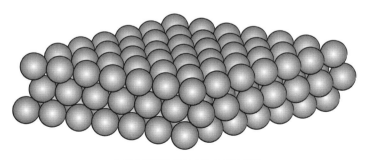

3층까지 최적의 방식으로 오렌지 쌓기

증명이 나오는 데 387년이 걸렸던 이 문제에는 몇 가지 난관이 숨어 있었다. 첫 번째 층을 만들기 위해서 우리는 임의적으로 평면 위에 모든 구를 놓는 방법을 선택했다. 그런데 애초부터 울퉁불퉁한 곡면 위에서 놓는다면 빈 공간을 줄일 수 있을지도 모른다. 더욱이 우리는 본능적으로 고르게 쌓으려고 했는데 과연 이렇게 가지런한 배열이 정말 필요할까? 실제로 고르지 않은 배열 방식을 선택하면 부분적으로 빽빽해질 수 있지만 다른 쪽의 밀도는 분명 높지 않다는 것을 확인할 수 있다.

문제를 해결하기 위해서 토머스 헤일스는 대범해져야 했다. 구를 쌓는 방법들이 무한했기 때문에 하나하나 검토하기란 불가능했고, 이에 첫 번째 단계는 구를 쌓는 방법을 유한 개의 경우로 줄이는 것이었다. 준비 작업이 끝난 다음 개별적으로 검토해야 했던 구 쌓기 방법은 약 5천 개였다. 이렇게 고된 작업을 해결하기 위해서 헤일스는 컴퓨터 프로그램의 도움을 받았는데, 여기서 논란이 있었다. 당시 많은 사람들은 수학 증명을 할 때 컴퓨터가 인간을 대체할 수 없다고 생각했기 때문이다. 헤일스의 증명이 유효하려면 프로그램이 정확한지도 증명해야 했는데, 이러한 추가적인 작업을 거치는 데만 17년이 걸렸다. 현재 수학계는 케플러 추측에 대한 증명을 많이 받아들여 결정학에서도 케플러 추측이 적용되고 있을 정도다.

골드바흐의 추측

영화는 갈루아라는 인물이 열중하고 있는 수학 문제, 즉 골드바흐의 추측으로 이야기가 시작된다. 골드바흐의 추측을 이해하기 위해 소수의 정의를 짚고 넘어가자면, 먼저 어떤 정수가 자신보다 더

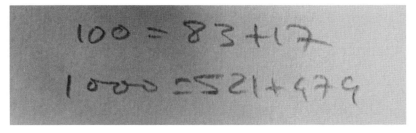

갈루아는 두 여학생에게 자신이 연구하는 골드바흐의 추측을 설명하면서 환심을 사고 있다.

작은 두 정수의 곱으로 쓸 수 없을 때 그 수를 '소수'라 부른다. 또 다른 정의로는 1과 자기 자신, 딱 두 약수만을 가지는 수를 소수라고 설명한다.

예컨대 14는 소수가 아니다. 왜냐하면 $14 = 7 \times 2$로 분해될 수 있기 때문이다. 반면 13은 소수다. 13의 약수는 1과 13밖에 없기 때문이다. 가장 작은 소수부터 나열하면 다음과 같다.

$$2, 3, 5, 7, 11, 13, 17, 19, 23, 29 \cdots$$

숫자 1은 약수가 자기 자신밖에 없기 때문에 보통 소수로 여기지 않는다.

다르게 설명하자면, 소수는 분해할 수 없는 수다. 우리는 소수들의 곱으로 정수를 표현할 수 있는데 말이다. 이러한 관점에서 수학자들에게 소수는 물리학의 기본 구성 요소인 원자와도 같다.

유클리드(기원전 3세기) 이후부터 우리는 2보다 큰 임의의 정수는 소수이거나 소수들의 곱이라는 것을 알고 있다. 더욱이 이러한 정수의 소인수분해는 유일하다. 이러한 특성은 '산술의 기본 정리'라는 다소 잘난 체하는 듯한 이름으로 불린다. 자, 이제 문제는 합에 있다. 모든 수가 소수들을 더한 값일까? 1742년 독일의 수학자 크리스티안 골드바흐(Christian Goldbach)는 스위스인 동료 레온하르트 오일러(Leonhard Euler)에게 쓴 편지의 여백에 다음과 같은 추측을 제시했다.

"모든 정수(2이상)는 세 소수의 합으로 쓸 수 있다."

이 명제는 오늘날 '약한 골드바흐의 추측'이라는 이름으로 알려져 있다. 그런데 18세기에는 1을 소수로 봤지만, 지금은 소수로 여기지 않기 때문에 명제를 수정해야 한다. 현대 정의에 따르면 정수 3은 세 소수의 합으로 쓸 수 없다. 약한 골드바흐의 추측이 현대 정의에 따라 수정된 내용은 다음과 같다.

"(9보다 크거나 같은)모든 정수는 최대 세 소수의 합이다."

골드바흐의 편지를 받은 오일러는 자신들이 이미 이 주제를 두고 대화를 나눈 적이 있다면서 그때 오일러는 다음과 같이 제안했었다고 답했다.

"모든 짝수(2를 제외)는 두 소수의 합으로 쓸 수 있다."

이러한 특성은 '강한 골드바흐의 추측'으로 불린다. 약한 추측을 증명하기 위해서는 강한 추측을 증명하기만 해도 충분할 것이다.[9] 레온하르트 오일러는 증명하려 열심히 노력했으나 성과가 없었다. 약 300년이 흐른 지금도 이 문제는 여전히 해결되지 않았다.

짝수가 두 소수의 합으로 쓰이는 경우를 하나하나 확인해 볼 수 있다. 예컨대 $4 = 2 + 2$, $6 = 3 + 3$, $8 = 5 + 3$, $10 = 7 + 3 = 5 + 5$, $12 = 7 + 5$ 등등이 있다. 컴퓨터 덕분에 추측은 400경(4×10^{18})까지 확인되었고, 어떤 반례도 찾을 수 없었다. 게다가 정수가 크면 클수록 그 수를 소수들의 합으로 분해 방법도 평균적으로 더 많아진다. 예컨대 10은 두 소수의 합을 2가지 방식으로 쓸 수 있고, 100은 6가지, 1,000은 28가지, 10,000은 127가지 등 많은 방식이 있다. 따라서 아주 큰 정수가 소수들의 합으로 분해하는 방법이 하나도 없다는 건 불가능해 보이지만, 안타깝게도 이를 명료하게 증명할 수 있는 사람은 단 한 명도 없다.

골드바흐와 오일러의 연구 이후, 많은 진전이 있었다. 2013년 페루의 수학자 아랄드 엘프고트는 약한 골드바흐의 추측을 증명했다고 발표했다. 그가 손으로 쓴 증명에는 오류가 없는 것처럼 보였고, 덕분에 우리는 9보다 크거나 같은 모든 정수는 최대 소수 3개의 합임을 확인할 수 있다. 이는 8보다 크거나 같은 모든 짝수가 최대 4개 소수의 합이라는 것을 함의하고 있다.

강한 골드바흐의 추측의 경우, 영화와 드라마 작품 속 수학자들이 제시한 증명들을 보는 것으로 만족해야 할 것 같다. 「페르마의 밀실」 외에도 미국의 애니메이션 시리즈 「퓨처라마」의 두 번째 영화 「100억 개의 촉수를 가진 괴물」에서 파스워스 교수와 워스트롬 교수가 골드바흐의 추측에 대한 '두 번째 기본 검산'을 하는 장면이 나온다. 영국 TV 시리즈 「루이스」의 파일럿 에피소드에서 드라마 제목과 이름이 같은 형사 루이스는 골드바흐의 추측과 관련된 살인사건을 수사하기도 했다.

페르마의 7가지 수수께끼

힐베르트: "재밌군, 양, 늑대, 양배추와 함께 작은 배로 강을 건너야 하는 양치기의 수수께끼가 생각나네. 그 수수께끼를 아나? 그 배에는 딱 둘만 탈 수 있어. 예를 들자면, 양치기와 양 아니면 양치기와 양배추. 늑대가 양을 잡아먹지 않고, 또 양이 양배추를 먹지 않고 무사히 모두 강을 건널 수 있는 방법을 찾아야 하지."

파스칼: "어째서 양치기가 늑대를 데리고 가는 거죠? 그 넷의 관계가 이해되지 않네요. 무슨 의미가 있죠?"

올리바: "힐베르트 교수는 우리를 각각 양치기, 양, 늑대, 양배추로 보는 것 같아."

방 안에 갇히기 전, 힐베르트는 같이 초대받은 사람들에게 양, 늑대, 양배추와 관련된 유명한 수수께끼를 풀어 볼 것을 제안한다. 답

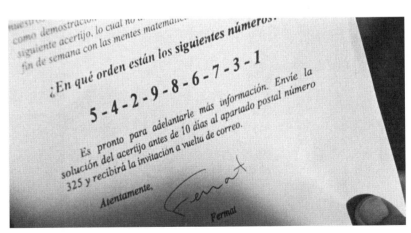

페르마는 파티의 초대장에 논리적 수열을 적고 규칙이 무엇인지 증명하라는 문제를 낸다.[10]

은 첫 번째로 양을 데리고 건넌 다음, 양을 두고 빈 배로 돌아와 늑대를 데리고 건너고, 양을 태워 출발점으로 되돌아와(분명 죽을 목숨인 양을 구조하는 것) 양배추를 싣고 건넌 다음 양을 찾으러 되돌아가는 것이다. 영화에서 이 이야기는 서로를 불신하는 수학자들을 비유적으로 나타낸다.

방의 문이 닫히자, 네 명의 손님은 방이 점차 좁아지는 극도로 긴장된 상황에서 약 1시간 안에 7가지의 수수께끼를 풀어야 했다. 다소 수학적 논리가 요구되는 문제이지만 안타깝게도 이런 어려운 문제에 조금이라도 관심 있는 관객이 보기에는 상당히 고전적인 문제가 나온다. 그래서 '수수께끼 중에서 가장 풀기 힘든 수수께끼'를 해결할 수 있는 능력을 가진 수학자로 소개된 사람들이 위 문제에 대답을 못한다는 건 믿기 어려운 일이다. 더 기다리지 말고 영화 속 수수께끼들을 살펴보자. 과연 여러분도 1시간 내에 풀 수 있을까?

수수께끼 1

제과점 주인은 안이 보이지 않는 상자 3개를 받았다. 세 상자는 각각 박하사탕이 담긴 상자, 아니스 사탕이 담긴 상자, 박하사탕과 아니스 사탕이 섞여 한 세트로 담긴 상자다. 상자에는 '아니스', '박하', '세트'가 적힌 라벨이 달려 있지만 내용물에 맞게 붙인 라벨은 하나도 없다. 제과점 주인이 내용물에 맞게 라벨을 바꾸려면 사탕 상자를 최소 몇 번 열어 봐야 할까?

수수께끼 2

다음 수열을 해독하라.

00000000000000011111111100011111111110
01111111111001100010001100110001000110011
1111011111001111000111100011111111000001
010101000000110101100000011111110000000000
0000000

수수께끼 3

완전히 밀폐된 방 안에 전구가 1개 있다. 바깥에 '온/오프' 스위치가 3개 있는데, 방 안에 있는 전구와 연결된 스위치는 단 하나다. 방에 들어가면 다시 나올 수 없는 상황에서 전구와 연결된 스위치가 무엇인지 어떻게 알 수 있을까? 모든 스위치는 맨 처음 '오프' 상태로 되어 있는 것으로 가정한다.

수수께끼 4

모래시계 2개가 있다. 하나는 4분, 다른 하나는 7분짜리다. 그럼 9분을 어떻게 잴까?

수수께끼 5

한 학생이 선생님에게 세 딸의 나이를 물었다. 선생님은 학생에게 이렇게 답했다. "내 딸들의 나이를 모두 곱하면, 36이야. 그리고 모두 더하면 네가 사는 집의 호수지." 학생은 정보가 부족하다고 얘기했다. 이에 선생님은 큰딸이 피아노를 친다는 정보를 추가로 제시했고, 학생은 답을 찾았다. 그렇다면 세 딸의 나이는 어떻게 될까?

수수께끼 6

진실의 땅에 사는 주민은 모두 항상 진실만을 말한다. 거짓의 땅에 사는 주민은 모두 진실과 반대되는 말을 한다. 당신은 2개의 문이 달린 방 안에 수감되어 있다. 두 문 중에서 하나는 자유를 향하며, 다른 하나는 죽음을 향한다. 두 문 앞에는 진실의 땅에서 온 간수 한 명과 거짓의 땅에서 온 간수 한 명이 각각 서 있는데, 당신은 이 둘을 구분할 수 없다. 문을 선택하기 전에 당신은 두 간수 중 단 한 명에게만 딱 1개의 질문을 할 수 있다. 당신은 어떤 질문을 할 것인가?

수수께끼 7

어머니는 자신의 아들보다 나이가 스물한 살 더 많다. 6년 후, 아들은 자신의 어머니보다 5배 더 어리다. 그럼 아버지는 무엇을 하고 있을까?

자, 여러분이라면 수력 압축기에 의해 점차 좁아지는 방에서 이 수수께끼들을 풀고 탈출할 수 있었을까? 수수께끼 풀기를 포기한 사람들을 위해 여기 풀이가 있다.

수수께끼 1의 풀이: 답은 한 번이다. '세트' 라벨이 달린 상자만 열어 보는 것만으로도 충분하다. 고른 상자에서 아니스 사탕이 나왔다고(박하사탕일 때 이어지는 추론과 비슷할 것이다) 가정해 보자. 추론에서 키포인트는 라벨이 내용물에 맞지 않는다는 점이다. '세트' 라벨이 달린 상자는 라벨과 다른 사탕이 들어 있기 때문에, '세트' 라벨에 아니스 사탕만 담긴 것이다. 이제 '아니스'와 '박하' 라벨이 달린 상자를 구분하는 일만 남았다. '박하사탕' 라벨이 달린 상자에는 박하사탕도 없고(만약 담겨 있다면, 라벨이 제대로 달린 것을 의미하기 때문), 아니스 사탕도 없다(아니스 사탕은 '세트' 라벨 상자에 있기 때문). 따라서 '박하사탕' 라벨이 달린 상자는 '세트' 사탕이 들어 있고, 마지막으로 남은 '아니스' 사탕 라벨이 달린 상자는 박하사탕이 담겨 있다.

사실 세 상자에 라벨을 잘못 다는 방법은 단 2가지밖에 없다. '세트' 라벨이 달린 상자에서 꺼낸 사탕을 확인하는 것만으로도 어떤 상황인지 확인하기에 충분하다.

수수께끼 2 풀이: 0 또는 1('이진수')로 이루어진 정확히 169자리의 수열이다. 우리는 하나의 곱 형태로 169자리를 쓰는 단 하나의 방법만이 존재한다는 것을 알아차릴 수 있다. 즉, $169 = 13 \times 13$비트다. 표현 가능한 유일한 형태, 즉 한 변의 길이가 $13\,cm$인 정사각형에서 169자리의 0과 1을 배열하면 된다. 0은 흰색으로 1은 검은색으로 대입해 보면… 해골이 나타난다!

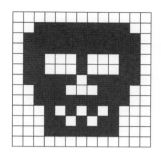

영화에 나온 수수께끼 중에서 유일하게 진정한 독창성이 요구되는 수수께끼다. 천문학에 심취한 사람들에게 이 수수께끼는 아레시보(Arecibo) 메시지를 떠올리게 한다. 아레시보 메시지는 1974년 외계 문명과 의사소통을 한다는 희망을 품고 우주로 보낸 1679비트의 라디오 메시지다. 외계인들이 이 메시지를 해독하려면 1679비트를 73×23 크기의 직사각형 형태로 쓸 수 있다는 것을 눈치채야 한다. 만약 외계인들이 수학을 알고 있다면, 소수들의 곱으로 이 수를 분해하는 유일한 방법임을 알고 있어야 할 것이다.

수수께끼 3 풀이: 첫 번째 스위치를 누르고 몇 분 정도 기다렸다가 스위치를 다시 오프로 바꾼 다음, 두 번째 스위치를 누른다. 그리고 방으로 들어간다. 만약 방 안의 전구가 켜져 있다면, 두 번째 스위치가 전구와 연결된 것이다. 그렇지 않으면 전구를 만져 보면 된다. 전구가 따뜻하다면 몇 분 전에 첫 번째 스위치로 전구가 켠 것이고, 따뜻하지 않다면 마지막 세 번째 스위치가 전구와 연결된 것이다. 결국 이 수수께끼는 그리 수학적인 문제는 아니다. 더욱이 전구가 LED라면 우리의 풀이가 적용될 수 없을 것이다.

수수께끼 4 풀이: 4분짜리 모래시계를 A, 7분짜리를 B라고 부르기로 하자. 우선 A와 B를 동시에 뒤집는다. A의 모래가 먼저 다 내려가면 A를 바로 뒤집는다. 그럼 4분이 이미 흘렀다. 3분 후, B의 모래가 다 내려갈 때 B를 뒤집어 놓는다. 1분 후, A의 모래가 다시 다 내려간다. 이때 8분이 흐른 상황이며 B에 남은 1분에 해당하는 모래가 흘렀다. 그렇기 때문에 B를 마지막으로 뒤집어 놓고 1분의 모래가 다 내려가면 9분이 된다. 짜잔!

모래시계 수수께끼는 내용물을 다른 용기에 옮겨 붓는 방법에 관한 문제로, 최소 15세기부터 수수께끼 애호가들이 즐겼던 유형의 수수께끼다. 이와 비슷한 수수께끼 중에서 오늘날 대중에게 가장 많이 알려진 수수께끼는 아마도 존 맥티어넌 감독의 「다이하드 3」에서 브루스 윌리스와 사무엘 L. 잭슨이 맞닥뜨린 수수께끼일 것이다. 공원에 설치된 폭탄을 해체하기 위해서 두 주인공은 3갤런 통과 5갤런 통만을 사용해서 물 4갤런을 정확하게 맞춰야 했다.

수수께끼 5 풀이: 선생님의 딸들은 각각 아홉 살, 두 살, 두 살이다. 주어진 명제를 찬찬히 검토하면 충분히 풀 수 있는 문제였다. 우선 세 명의 나이를 곱하면 36이기 때문에 생각해 볼 수 있는 다양한 경우 (x, y, z)를 작성할 수 있다. 총 8가지의 경우가 나오는데, (36, 1, 1), (18, 2, 1), (12, 3, 1), (9, 4, 1), (9, 2, 2), (6, 6, 1), (6, 3, 2), (4,

3, 3)이다. 세 자녀의 나이를 더한 값이 학생이 사는 집의 호수라는
건 한마디로 그 값으로는 결코 답을 맞출 수 없다는 의미다. 8가지의
경우에서 세 숫자를 더한 값은 각각 38, 21, 16, 14, 13, 13, 11, 10이
므로, 두 번 반복되는 13인 경우만이 주어진 힌트로 답을 맞출 수 없
는 상황에 해당된다. 따라서 자녀들의 나이는 9세, 2세, 2세 아니면
6세, 6세, 1세다. 선생님이 준 마지막 정보를 보면 첫째가 단수이므
로 6세일 것이라는 가능성이 배제되고, 그럼 결론에 도달하게 된다.

제법 역사를 가진 이 문제는 '네가 답을 모른다는 걸 알았으니, 나
는 답이 뭔지 알겠어'라는 논리 문제의 범주로 들어가며, 네덜란드
의 수학자 한스 프로이덴탈의 수수께끼가 대표적이다. 한스 프로이
덴탈의 수수께끼는 '불가능한 수수께끼'로 불리지만 실제론 잘 풀린
다. 내용은 다음과 같다.

서로 다른 2개의 정수 X와 Y(단, $1 < X < Y \le 98$)를 고르는데 두 정
수는 $X + Y \le 100$ 조건을 만족한다. 팜필레에게 X와 Y를 곱한 값을
알려 주고, 살와에게 $X + Y$의 값을 알려 줬다. 여기에 팜필레와 살와
는 보통 사람들보다 똑똑하다. 둘의 대화는 다음과 같다.

팜필레: 나는 X와 Y 두 수를 모르겠어.

살와: 나는, 네가 모를 거라는 걸 이미 알고 있었어.

팜필레: 정말? 그럼, 이제 나도 X와 Y가 무엇인지 알겠어!

살와: 그래, 그러면, 나도 알겠어.

X와 Y 두 수는 무엇일까?

수수께끼 6 풀이: 자유로 향하는 길을 골라내려면 두 간수 중 한 명에게 다음 아래의 질문을 하면 된다.

질문: 내가 다른 간수에게 자유를 향한 길이 어딘지 물어본다면,
그 사람은 어떤 문을 내게 알려 줄까요?

왜냐하면 두 간수가 모두 이 질문과 연관되어 있기 때문에 반드시 거짓 대답이 나올 것이다. 간수가 언급하지 않은 문을 고르면 자유로 향하는 문이 보장된다! 다른 질문들도 대안으로 가능하다. 그중에서도 다음 아래의 질문을 하면 두 간수를 개입시키지 않는다는 장점이 있다.

대체 질문: 만약 내가 당신에게 자유의 문이 어떤 것인지
물어본다면, 당신은 어떤 문이라고 알려 줄 것인가요?

'자유의 문이 무엇인가?'라는 질문을 거짓말쟁이 간수에게 한다면, 그는 죽음의 문을 알려 줄 것이다. 이런 예상이 가능한 거짓말쟁이 간수는 대체 질문에 다른 문, 즉 자유의 문을 가리키며 대답할 것이다. 간수에게 물어본 질문이 무엇이든 간에 간수는 자유의 문을 지목할 것이다(간수들은 완벽한 논리로 추론한다는 것을 가정해야 하며, 그러므로 자신의 목숨을 걸기 전에 꼬인 질문을 던지면서 확인해 보는 게 더 바람직한 방법이다).

이 수수께끼는 짐 헨슨 감독의 1986년 작「라비린스」를 통해 대중에 알려졌다. 데이비드 보위가 연기한 요상한 고블린의 왕이 만

든 여러 함정을 여주인공이 피하려고 고군분투하는 내용의 영화다. 참고로「페르마의 밀실」에서 올리바가 이 영화를 언급하기도 했다.

'한 명은 거짓을 말하고, 다른 한 명은 진실을 말한다'라는 유형의 논리 문제들은 대부분 미국의 작가이자 수학자인 레이먼드 스멀리언(1919~2017년)의 별난 생각들을 바탕으로 만들어졌는데, 그는 1978년『이 책의 제목은 무엇인가?』라는 수수께끼 책에서 이런 주제를 가지고 여러 변형 문제를 내놓았다.

논리학자 조지 불로스가 1996년에 제시한 변형 문제는 아주 풀기 어렵다. 그는 이 문제의 이름을 소소하게 '세상에서 가장 어려운 논리 수수께끼'라고 불렀다. 재미 삼아 책의 머리말을 여기에 소개한다.

A, B, C는 진실의 신, 거짓의 신, 운명의 신
(당신은 어떤 신이 A이고 B이고 C인지 모른다)이라 불린다.
그들에게 어떤 질문을 하나 했을 때, 진실의 신은 항상 진리만
답하고, 거짓의 짓은 항상 진실의 반대만 말하며, 운명의 신은
항상 진실과 그 반대 중에서 무작위로 대답한다. 당신의 임무는
단 3가지 질문을 통해서 세 신의 정체를 밝혀내는 것이다.
신들은 완벽하게 당신의 언어를 이해하고 논리적으로 생각하지만,
그들은 '다(da)'와 '자(ja)'라는 두 단어만 있는 신들의 언어로
대답한다. '다'와 '자는 '네'와 '아니오'를 의미하지만, 둘 중 어떤
단어가 '네'이고 어떤 단어가 '아니오'인지 당신은 모른다.

수수께끼 7 풀이: 아들의 나이를 x로 놓고 어머니의 나이를 y로 놓으면, $x+21=y$와 $y+6=5(x+6)$ 방정식을 만들 수 있다. 이 방정식을 풀면(여기서 더 자세히 설명하지 않겠다), $x=-\dfrac{3}{4}$이 나오는데, 이는 아들의 나이가 -9개월이라는 의미다. 즉, 아버지가 아들을 만들고 있다는 뜻이다. 이 수수께끼는 일차방정식의 체계와 외설적인 유머를 결합할 수 있다는 것을 보여 준다!

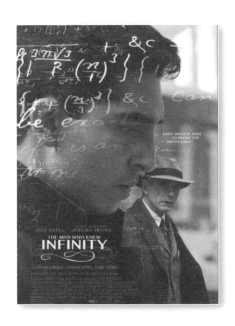

매슈 브라운 감독의 「무한대를 본 남자(2015년)」
출연: 데브 파텔, 제레미 아이언스, 데비카 비스 등

1914년 인도 마드라스. 수학에 심취한 청년, 스리니바사 라마누잔은 구석에서 자신의 연구를 적는다. 그러나 그에게 가장 중요한 것은 아내 자나키를 먹여 살리기 위해 일하는 것이다. 회계사로 일하던 그에게 사람들은 영국의 수학자들에게 연락해 그가 발견한 내용을 공유하라고 권한다. 라마누잔이 보낸 여러 통의 편지 중 한 통이 고드프리 해럴드 하디의 손에 들어간다. 하디는 라마누잔에게 캠브리지에 와서 만나자고 제안한다. 라마누잔은 영국에서 자신의 연구를 발표하는 꿈을 실현시킬 기회를 맞이한다. 하지만 수학자들과의 공동 연구는 힘든 과정이었다. 독실한 신자이자 기혼자인 라마누잔은 직관적으로 수학에 접근한 반면, 무신론자이자 미혼인 하디는 형식에 맞는 증명 없이는 정리를 인정할 수 없었다.

힌두교 여신이 수학 증명을 알려 준다면 증명할 필요가 있을까?

「무한대를 본 남자(The Man Who Knew Infinity)」는 인도의 수학자 스리니바사 라마누잔(Srinivasa Ramanujan, 1887~1920년)의 놀라운 삶을 되짚은 전기 영화로, 트리니티 칼리지에서 생활하던 때를 배경으로 한다. 영화는 당시 고드프리 하디(Godfrey Hardy, 1877~1947년) 교수와의 공동 연구를 중심으로 이야기가 전개된다. 영화감독 매슈 브라운은 미국 작가 로버트 카니겔이 1991년에 펴낸 라마누잔의 전기 『수학이 나를 불렀다』를 토대로 영화를 만들었다. 게다가 라마누잔 연구 전문가인 켄 오노와 2014년 필즈상을 받은 수학자 만줄 바르가바처럼 현재 수학계에서 유명한 이름들이 영화의 자문가이자 공동 제작자로 올려졌다. 이 뛰어난 수학자들이 영화에 등장하는 칠판 속 여러 방정식들이 참인지 확인해 주었다.

모든 전기 영화가 그러하듯이 인도에서의 일화를 비롯한 라마누잔의 인생 이야기는 일부 각색되었다. 영화의 주된 오류는 배우들의 나이와 이들이 연기한 실존 인물들의 나이 차다. 실제 하디와 라마누잔의 나이 차는 겨우 10년 정도밖에 되지 않지만, 두 배우 데브 파텔과 제레미 아이언스의 나이 차이는 42년이나 된다. 영화 초반을 보면 라마누잔의 아내 자나키는 열두 살 정도밖에 되지 않았을 것으로 추정되는데, 이 때문에 두 사람의 로맨스에서 육체적 사랑이 빠졌던 것 같다. 그리고 라마누잔이 노트 필기 없이 타원 적분 수업을 듣는 장면이 있다. 강의를 진행하던 교수는 라마누잔에게 강의실 앞으로 나와 알고 있는 내용을 얘기해 보라며 그에게 모욕을 주려 한다. 라마누잔은 앞으로 나가 설명했고, 화가 나서 인종차별 발언을 한 교수 대신 수업을 마친다. 그런데 그런 오만한 교수는 실제로 존재한 적이 없다. 비슷한 일화가 타원 적분 수업에서 있긴 했지만, 강의를 진행했던 교수 아서 베리는 인도에서 온 수학자의 재능에 큰 인상을 받으며 수업을 끝냈다고 한다.

숫자 1729

하디: "늦어서 미안하네. 택시가 길을 잘못 드는 바람에. 택시 번호를 보고 조심했어야 했어."

라마누잔: "왜요? 번호가 뭐였는데요?"

하디: "지루한 수. 1729."

라마누잔: "하디 선생님, 아니에요. 그 수는 아주 흥미로운 수예요. 서로 다른 2개의 방식으로 두 세제곱의 합을 쓸 수 있는 가장 작은 수이죠."

얼핏 보면 택시 번호가 평범해 보일 수 있다. 하지만 라마누잔이 보기에는 그렇지 않았다.

이 장면은 1940년 하디 교수가 이야기한 일화로, 인도에서 온 수학자 라마누잔의 뛰어난 능력을 보여 준다. 어느 날 하디 교수가 라마누잔의 병문안을 가는 길에 1729 번호를 단 택시를 탔다. 하디는 그 숫자를 밋밋하다고 생각했고 불길한 징조가 아닌지 염려했다. 그런데 라마누잔은 1,729가 2가지 방식으로 두 양수의 세제곱의 합을 쓸 수 있는 가장 작은 정수이므로 아주 흥미로운 수라고 반론했다. 실제로 1,729는 $1^3 + 12^3$과 같지만, $9^3 + 10^3$과도 같다. 이러한 특성은 라마누잔 이전에도 잘 알려졌으나, 그럼에도 불구하고 이 택시 번호 일화로 인해 대중에게 더 많이 알려졌다. 이때부터 N가지 방식으로 두 양수의 세제곱의 합으로 쓸 수 있는 가장 작은 정수를 'N 번째 택시 수(taxicab number)'라고 부른다. 따라서 1,729는 두 번째 택시 수다. 첫 번째 택시 수는 2다. $2 = 1^3 + 1^3$이기 때문이다. 세 번째 택시 수는 87,539,319다. $87,539,319 = 167^3 + 436^3 = 228^3 + 423^3 = 255^3 + 414^3$임을 확인할 수 있다. 이러한 택시 수들의 수열이 무한임을 이제 증명할 수 있지만, 일곱 번째 택시 수의 정확한 값을 모른다. 값이 매우 빠르게 커지기 때문에 현재로서는 일곱 번째 택시 수의 상계를 추산하는 것밖에 할 수 없다.

미국 TV 애니메이션 시리즈 「퓨처라마」 작가 중에는 수학자들이 있어서 택시 수에 대한 존경심이 간간이 드러난다. 예컨대 「퓨처라마」에 자주 등장하는 우주선들 중에 BP-1729 번호가 써 있는 우주선이 있다. 세 번째 택시 수인 87,539,319가 번호로 쓰인 택시가 등장하는 에피소드도 있다.

라마누잔의 노트

하디: "서두를 것 없어. 발표할 때까지 시간은 충분해."

라마누잔: "잠깐만요, 죄송하지만, 무슨 이유로 시간이 충분하다고 말씀하시는 거죠? 저는 저 자신과 함께 이 모든 것들이 사라지는 걸 원치 않습니다."

하디: "그렇게 되지 않을 걸세, 내가 보장하지."

라마누잔: "감사드립니다. 하지만 선생님께 보여 드릴 게 아직도 너무 많습니다. 제가 선생님께 말씀드렸다시피 편지 내용은 제가 발견한 것들의 샘플에 불과해요. 보세요. (노트 하나를 내민다.) 무한수열의 형태에서 x 이하의 소수들의 수를 정확하게 계산하는 함수도 발견했습니다."

하디: "정확하게?"

라마누잔: "네. 만약 이게 발표된다면 혁신적일 것이라고 생각했어요."

하디: "이건… 정말 놀라워!" (리틀우드에게 수첩을 건넸고, 리틀우드가 훑

라마누잔은 하디와 리틀우드에게 자신의 노트를 보여 준다.

라마누잔이 연구하는 방식은 놀라웠다. 서구 수학자들과 다르게 라마누잔은 자신이 정리한 공식에 대해 엄격한 증명을 제시하는 데 얽매이지 않았다. 그는 1886년 출판된 조지 카의 『순수 수학 개요』를 접하면서 수학에 매료되었는데, 이 책에는 당시의 공식과 정리 6,000여 개가 어떤 증명도 없이 열거되어 있었다. 사람들은 자신이 제시한 정리를 증명하려 하지 않는 라마누잔의 성향을 이 책의 영향이라고 본다. 영화에서는 라마누잔이 새로운 수학 정리에 다가가기 위해서 수학 정리를 증명하지 않고 자신의 꿈에 수학 공식이 나타날 때까지 기다리는 게 자신만의 방법이라 말하는데, 이는 라마누잔의 번쩍이는 직관을 묘사하기 위해 소설화된 것이다.

1914년까지 라마누잔은 노트에 자신이 발견한 수학 공식을 정리했는데, 그 노트를 손에서 단 한순간도 놓지 않아 라마누잔만큼이나 노트가 유명해졌다. 3권짜리 노트는 순서가 뒤죽박죽인 탓에 짜임새가 완벽하진 않지만, 영국에 도착하기 전까지 독학으로 발견한 모든 결과물들이 초고를 작성하듯 노트에 적혀 있다. 그 수가 대략 2,500개에 달하는데, 이런 특성과 공식을 정리하기 위해서 증명 방법에 대한 정보를 함께 적은 건 20여 개 이내밖에 되지 않는다.

라마누잔이 발견한 공식은 눈으로 봐도 놀라웠고, 이를 마주한 하디 교수의 말문을 막히게 했다. 더욱이 이렇게 정리한 공식의 절반에 대해서 하디 교수는 라마누잔이 어떻게 도출해 냈는지 짐작조차 할 수 없었다. 1913년 하디에게 보낸 편지에 있는 아래의 항등식을 일례로 살펴보자.

$$\cfrac{1}{1+\cfrac{e^{-2\pi}}{1+\cfrac{e^{-4\pi}}{1+\cdots}}} = \left(\sqrt{\frac{5+\sqrt{5}}{2}} - \frac{\sqrt{5}+1}{2} \right) e^{\frac{2\pi}{5}}$$

이 공식은 라마누잔에게 '무한대를 본 남자'라는 별칭을 가져다줬다. 왜냐하면 합이나 연분수, e 또는 π 같은 무리수인 상수, 다중근호 등을 능수능란하게 사용했기 때문이다. 이 공식들은 보기에도 아름다워서, 수많은 영화 및 시리즈에서 관객들이 이해할 수 없는 형태이면서도 정확한 수학을 표현하고자 할 때 등장한다. 예컨대 디즈니 채널에서 방영된 TV용 뮤지컬 영화 「하이 스쿨 뮤직컬」에 라

마누잔의 공식이 나오기도 했다. 여학생이 수학 선생님이 적고 있는
아래의 등식을 바로잡는 장면이다.

$$\frac{16}{\pi}=\sum_{n=0}^{\infty}\frac{(42n+5)\left(\frac{1}{2}\right)_n^3}{64^n(n!)^3}=5+\frac{47}{64}\left(\frac{1}{2}\right)^3+\frac{89}{64^2}\left(\frac{1\cdot3}{2\cdot4}\right)^3+\frac{131}{64^3}\left(\frac{1\cdot3\cdot5}{2\cdot4\cdot6}\right)^3+\cdots$$

1920년 라마누잔의 사망 이후, 하디는 여러 동료들과 함께 라마
누잔의 노트에서 나온 수학적 결과물들을 책으로 출판하는 데 수년
의 세월을 쏟아부었다. 새 정리들을 증명하고, 이미 알려진 증명들
에 대해서는 주석을 덧붙이며 잘못된 결과를 수정하는 작업이 이루
어졌다. 그리고 약 80년 후인 1998년 미국의 수학자 브루스 베른트
가 이 꼼꼼한 검토를 마무리 지었다. 하지만 이야기는 여기서 끝나
지 않는다. 알렉상드르 뒤마의 삼총사가 실제로 사총사였듯이, 라마
누잔의 사망 후 전달된 네 번째 노트가 분실되었다가 1976년에 발
견된 것이다. 네 번째 노트에는 미발표된 600개의 공식이 추가로 적
혀 있었다. 결국 베른트는 비밀 노트를 검토한 다음 2013년이 되어
서야 거대한 출판 작업에 마침표를 찍었다. 그는 라마누잔의 마지
막 노트에 적힌 수학적 발견이 베토벤의 〈교향곡 10번〉(베토벤이 버
린 단편적인 초안을 토대로 재구성된 베토벤 사후 발표된 교향곡)과 견줄
만하다고 말했다. 이 말은 영화의 마지막에 등장한다.

증명과 중간 단계를 건너뛴 라마누잔의 넘치는 수학적 창의성은
공식의 몇몇 부분이 틀렸기 때문에 한계가 있다. 오류는 드물었지
만(3,000여 개의 결과물에서 약 10개 이하), 하디는 그중 하나가 '라마

누잔의 업적에서 가장 큰 오류'라고 평가했다. 소수를 다룬 공식에서 발견된 오류였다.

소수의 분포

> **하디:** "자, 여기 다 있네. (리틀우드가) 자네 스스로 판단하도록 두고 갔네. 소수에 대한 자네 정리가 틀렸어."
>
> **라마누잔:** "오, 그럴 리가 없어요!"
>
> **하디:** "꽤 흥미로워. 만약 소수의 실제 개수와 공식으로 계산한 근사값을 비교한다면, 우린 어떤 결론을 도출할 수 있지?"
>
> **라마누잔:** "근사값이 더 크죠!"
>
> **하디:** "1천 개여도 그런가? 100만이어도? 1천 조여도 그런가? 그 증명은 어디에 있나?"
>
> **라마누잔:** "보셨잖습니까? 제가 증명했습니다."
>
> **하디:** "아니, 그건 직관적이라서 몇몇 계산을 해 보면 자네 공식이 틀렸어. 리틀우드 교수가 자네의 정리에서 소수의 실제 개수를 넘지 않는 낮은 값이 종종 예측됨을 보여 주는 값을 발견했네. 자네의 정리는 틀렸어. 이런 식이라면 우리는 어느 것도 발표할 수 없을걸세. 자네가 내 말을 듣지 않고 증명을 무시하고 있지 않나. 직관만으로는 부족해. 한계가 있어."

1914년 영국에 도착한 라마누잔은 인도가 아닌 지역에서 처음으로 자신의 연구가 발표되길 기대했다. 그가 가장 자랑스러워했던 결과물은 소수에 대한 공식이었다. 그런데 존 리틀우드(John

Littlewood)가 그 공식에서 오류를 발견했고, 이는 라마누잔에게 직관만 쓰는 것보다 증명이 중요하다고 강조한 하디의 주장이 옳다는 근거가 되었다. 라마누잔의 오류를 조금 더 자세히 들여다 보자.

고대 그리스 시대부터 우리는 소수의 존재를 알고 있었고, 소수의 무한성은 상당히 오랜 세기 전부터 당연하게 생각해 왔다. 현재 수학자들의 관심사는 소수가 다른 수들 사이에서 분포되는 방법이다. 물론 소수는 무한하지만, 자연수가 점점 커지면서 소수는 점차 드물게 나온다. 이를테면 1과 1,000 사이에 소수는 168개, 1,000과 2,000 사이에는 135개, 2,000과 3,000 사이에는 127개 등 이런 식으로 소수가 존재한다.

소수에 대한 연구는 얼핏 무의미해 보일 수 있다. 하디는 수년 이내에 아주 조금일지라도 이런 문제들이 구체적으로 응용될 수 있을지 의심했다. 하지만 역사는 그의 의심과 반대로 흘러갔다. 왜냐하면 몇 년 후, 앨런 튜링(Alan Turing)이 독일군이 개발한 암호를 풀기 위해서 정수론을 적용하기 때문이다. 현재 소수는 암호 알고리즘의 중심에 있으며 은행 거래, 인터넷 통신의 보안을 보장한다.

다시 소수의 개수 계산으로 돌아가자. 10보다 작은 소수는 2, 3, 5, 7이다. 주어진 수 x보다 작거나 같은 소수의 개수를 '$\pi(x)$'라고 부르며, 이 함수 π는 원에서 쓰는 상수 π와 전혀 관계 없다. 예컨대 '$\pi(10)=4$' 또는 '$\pi(1,000)=168$' 이렇게 쓸 수 있다. 그런데 $\pi(x)$의 값을 어떻게 계산할까? 주어진 수를 넘지 않는 소수의 개수를 간단히 계산할 수 있는 쉬운 방법이 있을까? 간단한 방법이 없는 경우,

10,000보다 작은 모든 소수의 개수를 알고 싶다면, 즉 $\pi(10{,}000)$를 계산하려면 그 수보다 작은 소수를 모두 적은 다음 일일이 세어 볼 수밖에 없다. 2, 3, 5, 7, 11, 17, 19… 길고 지루한 방법이라는 건 여러분도 인정할 것이다.

그렇다면 정확한 결과를 바로 도출하는 공식을 써서 방법을 더 발전시킬 수 있을까? 바로 이 질문을 놓고 17세기부터 수세대에 걸쳐 많은 수학자들이 연구에 몰두했다. 그중에서 자크 아다마르(1865~1963년)와 샤를 드 라 발레 푸생(1866~1962년)은 1896년에 함수 π의 좋은 근사를 증명했다. 바로 '소수 정리'다. x가 상당히 커질 때 다음과 같은 동치가 성립한다.

$$\pi(x) \sim \frac{\ln(x)}{x}$$

여기서 ln은 자연로그 함수를 가리킨다.

이 공식으로 계산해 보면 1,000보다 작은 소수의 개수는 약 145개다. 실제 소수의 개수는 168개로 14%의 상대 오차가 발생했다. 주어진 수 x가 크면 클수록 상대 오차는 더 작아질 것이다. 따라서 좋은 공식이지만 개선의 여지가 있다. 참고로 라마누잔은 영국에 오기 전에 이 결과를 혼자서 발견했다. 함수 π의 최적 근사는 1899년 샤를 드 라 발레 푸생에 의해 증명됐다. 그것은 적분으로 정의되는 '로그 적분 함수(Li)'다.

$$\pi(x) \sim \text{Li}(x) = \int_2^x \frac{dt}{\ln(t)}$$

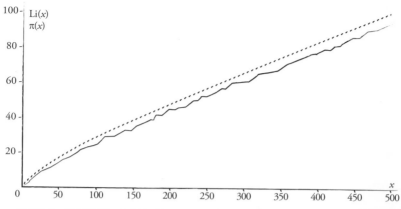

주어진 수 x를 넘지 않는 소수의 개수 $\pi(x)$(실선)와 공식으로 계산해 나온 근사 $Li(x)$(점선)의 그래프. 함수 π는 계단 형태를 보인다. 작은 계단 부분마다 소수 1개에 해당한다.

예컨대 $\pi(1,000)$을 계산할 때 이 공식의 상대 오차는 6%밖에 되지 않을 정도로 훨씬 더 낮다.

동일한 좌표에서 함수 π와 로그 적분 함수 Li를 나타내는 곡선은 그래프로 확인할 수 있다.

두 함수의 곡선을 비교해 보면 우리는 어렵지 않게 함수 π가 로그 적분 함수 Li 보다 항상 낮다는 것을 추측할 수 있는데, 라마누잔이 바로 이를 생각했던 것이다. 하지만 이 추측은 틀렸다. 함수 π가 로그 적분 함수 Li를 따라잡고야 말기 때문이다. 1914년 존 리틀우드가 인도에서 온 수학자의 직관을 반박하면서 이를 증명했다. 즉 $\pi(x) > Li(x)$를 만족하는 x값이 존재한다. 실제로 추측이 틀렸다는 것을 보여 준 x 중에서 가장 작은 값이 약 10^{370}이라는 게 오늘날 알려졌다. 이는 상상을 초월하는 아주 큰, 거대한 수다. 라마누잔도 이 수가 나타나리라고는 상상하지 못했을 것이다.

이 결과를 도출하기 위해서 리틀우드는 복소수 값 함수로서 함수 ζ(제타, zeta)를 사용했다. 제타 함수는 수학에서 가장 위대한 문제, 리만 가설의 중심에 있다. 리만 가설은 2000년 미국의 클레이 수학 연구소에서 상금 '100만 달러'를 걸어 놨던 7가지 '밀레니엄 문제'에 속한다. 간단하게 설명하자면, 리만 가설은 함수 ζ가 0이 되는 값들, '자명하지 않은 영점'에 주목한다. 놀랍게도 함수 π가 이 영점들의 위치와 연관되어 있다는 사실이 밝혀지면서 리만 가설의 해법이 $\pi(x)$를 계산하기 위한 아주 정확한 공식을 제시한다. 하지만 복소 변수 함수론을 몰랐던 라마누잔은 추론 과정에서 그 유명한 자명하지 않은 영점을 무시했고, 이는 결국 '자신이 세운 업적 가운데 가장 큰 오류'가 되었다.

라마누잔의 분할

헤르만: "이건 뭐죠?"

하디: "분할… […] 여기, 자네도 이건 이해할 수 있을 거야. p(4) = 5. 이건 그저 4를 합으로 쓰는 방법이 5가지라는 의미일세. 1 + 1 + 1 + 1, 3 + 1, 2 + 1 + 1, 2 + 2, 그리고 4 이렇게 말일세."

헤르만: "생각보다 간단해 보이네요."

하디: "그렇지, 그래 보여. 하지만 p가 100이 된다면, 서로 다른 조합의 개수는 204,226개가 있어. 맥마흔 소령은 몇 주 동안 이걸 직접 손으로

라마누잔이 유독 말을 많이 했던 분야는 자연수 분할이다. 이렇게 자연수 N을 양의 정수의 합 형태로 쓸 수 있는 방법을 'N의 분할'이라 부르며, N의 분할 개수를 $p(N)$으로 적는다. 관객이 분할에 대해 잘 이해할 수 있도록 영화 속에서 하디는 값이 5인 $p(4)$를 예로 자세히 설명한다. 그래서 우리는 숫자 4가 서로 다른 5가지 방법으로 분할된다는 것을 쉽게 확인했다. 모두 $1+1+1+1, 2+1+1,$ $2+2, 3+1, 4$(사실 $3+1$과 $1+3$은 같은 분할 방법으로 여겨 포함되지 않는다). 숫자 5의 분할 방법은 $1+1+1+1+1, 2+1+1+1, 2+2+1,$ $3+1+1, 3+2, 4+1, 5$ 이렇게 7개가 있다. 그래서 $p(5)=7$로 표시한다. 마찬가지로, 숫자 9의 분할 방법은 30개인데, 여기에 그 방법을 모두 나열하진 않겠다. 따라서 $p(9)=30$이라고 적는다. 모든 분할 방식을 적어 보면서 함수 p의 초반 항을 재밌게 계산해 볼 수 있다.

$$p(1)=1, p(2)=2, p(3)=3, p(4)=5, p(5)=7, p(6)=11,$$
$$p(7)=15, p(8)=22, p(9)=30, p(10)=42 \cdots$$

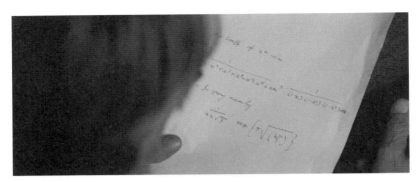

하디가 라마누잔의 연구를 발견한다. 분할 수를 계산할 수 있는 전 세계 어디에서도
발표된 적 없는 공식이었다.

이렇다 보니 소수의 개수를 셀 때처럼 '주어진 자연수의 분할 수를 일일이 적지 않고 계산할 수 있는 방법이 있을까?'라는 질문이 자연스레 나오게 된다. 실제로 함수 p의 증가는 상당히 빨라서 200과 같은 수가 분할되는 방법의 개수를 다 적는 일은 순식간에 상상할 수도 없는 일이 된다. 따라서 가능한 한 정확하게 계산하기 쉬운 공식을 정리하는 게 유익하다.

영화에서 라마누잔은 수학자 퍼시 맥마흔(1854~1929년)과 200의 분할 개수를 계산하는 대결을 벌인다(당연히 계산기 없이). 각자 자신만의 공식을 사용했다. 맥마흔은 정확하고 귀납적인 공식을 사용했는데, N보다 작은 자연수의 분할 수를 알고 있다는 조건에서 N의 분할 수를 도출하는 공식[11]이다. 따라서 p(200)을 계산하려면 먼저 p(199), p(198) 등등을 계산해야 한다. 맥마흔은 면밀하게 많은 계산을 거쳐 200의 경우 아주 정확하게 3,972,999,029,388개의 분할 방법이 있다는 결론을 내렸다.

다른 한편, 라마누잔은 자신이 발견한 공식을 사용했다.

$$p(N) \simeq \frac{1}{4N\sqrt{3}} e^{\pi\sqrt{\frac{2N}{3}}}$$

200의 분할 수를 계산하는 데 이 공식을 적용해 보면, 4,100,251,432,187이라는 값이 나온다. 정확한 값은 아니지만, 상대적 오류가 불과 몇 퍼센트에 불과한 데다가 이 공식에서는 계산 과정이 아주 적다. 하디의 도움을 받아 라마누잔은 1918년 이 공식을 발표했다. 공식은 당시 수학의 놀라운 발전을 이루는 데 기여했다.

라마누잔처럼 뛰어난 독학 천재로 그려지는 인물은 이런 주제를 다루는 수많은 영화에 등장한다. 이를테면 이 책에서도 소개할 「어메이징 메리」나 「굿 윌 헌팅」이 있다. 미국 TV 시리즈 「넘버스」는 아미타 라마누잔 교수라는 등장인물을 통해 라마누잔에 대한 경의를 표하기도 했다.

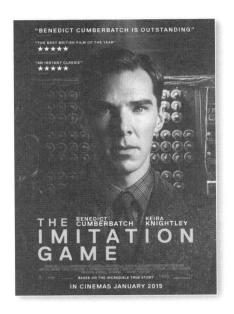

모르텐 튈둠 감독의 「이미테이션 게임(2014년)」
출연: 베네딕트 컴버배치, 키라 나이틀리, 매슈 구드 등

1951년. 형사과 녹 스테얼 경사는 자택 침입을 당한 앨런 튜링 교수의 집에 방문한다. 앨런 튜링은 도둑맞은 게 하나도 없다고 경찰에게 알렸지만, 경찰은 그를 스파이로 의심한다. 경찰은 앨런 튜링의 과거를 파헤치기 시작하고, 수상한 군사 서류를 발견한다. 사실 앨런 튜링은 제2차 세계대전 동안 여러 기밀 프로젝트를 맡았다. 1939년 그는 적군의 통신을 가로채서 해독하는 임무를 수행하는 영국의 정보기관 블레츨리 파크에 고용되었다. 독일의 암호 기계 에니그마(Enigma)는 암호화 메시지를 만들어 내는 기계로 해독이 불가능하기로 유명했는데, 앨런 튜링이 이 기계의 암호를 해독하는 임무를 맡았던 것이다. 최종 책임자 대니스턴 중령의 적대적인 태도에도 앨런 튜링은 암호 분석가 조안 클라크와 그의 팀원들의 도움을 받으며 에니그마를 뚫을 수 있는 기계 장치를 만드는 데 매진한다.

5

알고리즘으로 어떻게 독일 해군을 이길 수 있을까?

「이미테이션 게임(The Imitation Game)」은 노르웨이 감독 모르텐 튈둠의 첫 번째 영어 영화다. 영화의 시나리오는 앤드류 호지스가 1983년에 쓴 앨런 튜링의 전기『앨런 튜링의 이미테이션 게임』을 자유롭게 각색한 작품이다. 참고로 이 영화의 시나리오 작가 그레이엄 무어는 2015년 미국 아카데미 시상식에서 각색상을 수상했다. 영화는 비평가들의 찬사와 함께 많은 관객을 끌어모으며 아주 큰 성공을 거뒀다. 앨런 튜링의 에니그마 암호 분석을 소재로 한 다른 영화들도 있다. 이를테면 허버트 와이즈 감독의 영화 1996년 작 「브레이킹 더 코드」는 「이미테이션 게임」처럼 호지스가 쓴 앨런 튜링의 전기를 바탕으로 만들었고, 마이클 앱티드 감독의 2001년 작 「에니그마」는 이야기를 완전히 재탄생시켜 앨런 튜닝을 톰 제리코라는 이름으로 바꾸고 배우 케이트 윈즐릿이 연기한 헤스터 웰래스와 사랑에 빠진다.

「이미테이션 게임」에서 상세하게 묘사하는 사건들을 주의 깊게 봐야 한다. 그레이엄 무어와 모르텐 튈둠이 본래 재료를 가지고 아주 자유롭게 각색했기 때문이다. 그래서 이 영화는 다큐멘터리가 아닌 실제 사건을 바탕으로 한 허구의 작품으로 봐야 한다. 튜링의 연구 장면도 단순화되었다. 시나리오 작가들의 입장을 대변하자면 실제 에니그마 해독은 워낙 전문적이어서 이야기를 각색하지 않기란 불가능했다. 변형된 다른 내용들은 더 논란의 여지가 있다. 영화는 앨런 튜링을 반사회적이고 나르시시스트에 유머 감각이라곤 하나 없는 인물로 잘못 묘사해 바깥세상에 나오길 꺼리는 수학자의 클리셰를 쓸데없이 부각시켰다. 역사학자들은 영화가 튜링을 반역자로 비춰 안타깝다는 비평을 내놓기도 했다. 영화에서 튜링은 자신의 동성애가 세상에 드러날까 두려워 러시아 스파이 존 케언크로스를 감쌌다. 하지만 실제로 튜링은 블레츨리 파크에서 자신의 동성애를 숨기지 않았고, 블레츨리 파크에서도 문제를 전혀 제기하지 않았다. 게다가 케언크로스와 튜링은 서로 다른 두 정보기관에서 일했기 때문에 만났던 적이 아예 없었을 테니 이런 시나리오 설정은 더 논란의 여지가 있다. 실제와 영화 내용이 일치하지 않는 또 다른 부분은 1952년 강도 침입을 당한 후 튜링이 체포되었던 영화 속 일화다. 튜링은 스파이로 의심받았던 적이 단 한 번도 없었다. 형사들이 증거들을 수집하는 과정에서 튜링이 동성 교제를 숨기고 있다는 사실을 발견했을 뿐이다. 처벌 대상에서 제외된 1960년대 말 이전, 동성애는 '외설' 혐의가 적용되어 영국 사법 기관에 의해 징역형 처벌을 받았다. 튜링은 화학적 거세를 받아들이면서 징역형을 면할 수 있었지만, 호르몬 치료의 후유증이 유난히 고통스러워 그의 정신에도 영향을 줬다. 결국 1954년 스스로 목숨을 끊었다. 허구보다 역사적 사실을 선호하는 사람들을 위해 앨런 튜링의 삶을 다룬 제대로 된 다큐멘터리 영화가 여럿 있는데, 그중 하나는 2011년에 나온 클레어 비번 감독과 닉 스테이시 감독의 「코드브레이커」다. 이 다큐멘터리는 많은 수학자와 역사가들의 도움을 받아 제작되었다.

「이미테이션 게임」의 크레딧에 등장하는 유일한 수학 자문가는 존 인골드다. 그는 인터렉티브 픽션 게임을 만드는 기업 인클의 공동 설립자다. 다만 그가 참여한 영화 작업은 어느 한 장면에서 등장하는 튜링과 클라크의 연구 내용 몇 장 정도였다. 참고로 이는 현재 없어서는 안 될 암호 알고리즘으로 1977년 개발된 RSA 암호의 초석을 영화에서 볼 수 있다.

이미테이션 게임

녹: "사람처럼 생각할 수 있는 기계가 등장하는 날이 올까요?"

튜링: "사람들 대부분은 아니라고 말합니다."

녹: "당신은 그 대부분의 사람이 아니군요."

튜링: "문제는 당신이 멍청한 질문을 한 겁니다. […] 기계가 사람처럼 생각할 수 없는 건 당연합니다. 기계는 사람과 다르고, 그러니 사람과 다르

게 생각하겠죠. 제대로 된 질문은 '우리와 다르게 생각한다는 이유로 기계는 생각해선 안 된다고 쉽사리 결론을 내려야 하는가?'입니다. 인간이 서로 아주 다른 존재라는 것을 우리는 당연하게 받아들입니다. 당신은 딸기를 좋아하고, 저는 스케이트를 싫어합니다. 당신은 슬픈 영화를 보며 눈물을 흘리고, 저는 꽃가루 알레르기가 있습니다. 이런 반응에 대한 차이, 다른 선호도를 어떻게 증명할까요? 우리의 뇌가 다르게 기능하고 우리가 다르게 생각한다는 점을 제외하고 말이죠. 그러니깐 우리가 우리에 대해서 서로 다른 존재라고 생각할 수 있다면, 우리가 구리, 케이블, 철로 만든 뇌에 대해서도 서로 다른 존재라고 생각할 수 있을 겁니다."

녹: "그렇군요, 그게 당신의 그 유명한 논문 주제인가요? 제목이 뭐죠?"

튜링: "'이미테이션 게임'입니다."

녹: "어떤 내용입니까?"

튜링: "게임해 보시겠습니까?"

녹: "어떤 게임이죠?"

튜링: "일종의 게임, 테스트입니다. 상대가 기계인지 사람인지 판단하는 데 사용되죠. […] 심판과 실험 대상이 있습니다. 심판이 질문을 하고, 실험 대상의 대답에 따라 실험 대상이 기계인지 사람인지 결정합니다. 당신이 해야 할 일은 제게 질문 하나를 하는 겁니다."

1949년 맨체스터 대학교에서 '맨체스터 마크 I'의 제작이 완료되었다. 프로그램을 실행할 수 있는 램이 장착된 세계 최초 컴퓨터다. 앨런 튜링은 이 컴퓨터에 최적화된 소수 검색 알고리즘인 '메르센 익스프레스(Mersenne Express)'의 개발에 참여했다.[12] 영국 언론은 이러한 성공을 극찬했다. 기자들은 이제 갓 탄생한 생각할 수 있는 기계를 진정한 '전자 뇌'라고 표현할 정도였다. 이러한 표현은 걱정, 회의주의, 열광 등 다양한 반응을 일으켰고, 격렬한 토론이 벌어졌다. 당시 튜링은 기계가 무엇을 실행할 수 있고 없는지에 대한 자신의 고찰을 발전시키고 기계가 정말로 '생각'할 수 있는지 자문했다.

그 생각의 일부가 1950년 철학 잡지 《마인드》에 게재한 논문 〈계산 기계와 지능〉에 담겼으며, 영화에도 언급된다. 튜링은 '기계'와 '생각하다'라는 단어의 심오한 의미를 고찰하기보다는 실용적인 부분을 다루며 '이미테이션 게임'을 제안했다. 이 게임에는 여성, 남성, 질문자 총 세 명의 참가자가 있다. 여성과 남성은 질문자와 간접적으로(가령 단말기를 통해서) 대화를 나누지만, 남성과 여성은 서로 대화를 나눌 수 없다. 남성이 여성인 척 행동하려 하고 여성은 질문자에게 자신이 진짜 여성이라는 것을 설득하려는 상황에서, 질문자는 누가 남성이고 누가 여성인지 파악해야 한다. 튜링은 기계가 남성의 역할을 맡을 때 사람처럼 효과적으로 연기할 수 있는지 없는지 생각해 볼 것을 제안했다.

몇 년 후, 튜링은 이미테이션 게임의 변형을 내놓았고, 1970년대 들어와 이 변형된 게임에 '튜링 테스트'라는 이름이 붙여졌다. 그 원리는 다음과 같다. 화면 앞에 있는 당신은 온라인에서 낯선 이와 수다를 떨었다. 몇 가지 질문을 통해 낯선 상대방이 진짜 사람이었는지 아니면 컴퓨터 프로그램이었는지 당신은 알아맞힐 수 있을까? 만약 기계의 대답이 사람의 대답과 식별될 수 없다면, 기계는 '생각'이라고

형사 녹의 취조를 받는 앨런 튜링이 '이미테이션 게임'을 설명하고 있다.

부를 수 있는 어떤 지능 형태를 지니고 있다는 것을 의미한다. 튜링은 이 논문을 쓰면서 그로부터 50여 년 후에는 인공 지능이 대화 상대방을 일정 부분 속이면서 튜링 테스트에 성공할 것이라 확신했다.

이 실험의 목적은 실험이 정말 실행될 수 있는지 파악하는 것이다. 그래서 미국의 발명가 휴 뢰브너는 자신의 이름을 걸고 상을 만들었다. 1990년부터 해마다 한 명의 심사위원과 대화를 나누고 가장 사람 같은 프로그램임을 보여 준 채팅 프로그램에게 뢰브너상이 수여된다. 이 대회에서 심사위원들은 로봇 한 대, 사람 한 명과 동시에 5분 동안 채팅하고 상대방에게 각각 점수를 매긴다. 특히 토너먼트는 질문자의 자리가 힘든 자리임을 보여 주기도 하는데, 일례로 1991년 1회 대회에서는 사람인 대화 상대가 셰익스피어에 대해 너무 방대하게 알고 있다는 이유로 '기계' 판정을 받았다.

웹 사용자들은 튜링 테스트에서 파생된 프로그램, '캡차(CAPTCHA, 'Completely Automated Public Turing test to tell Computers and Humans

Apart'의 약어, '사람과 컴퓨터를 구별하기 위해 완전히 자동화된 공개 튜링 테스트'를 의미)'를 간간이 접하고 있다. 2000년 스팸 로봇에 의한 공격으로부터 서버를 보호하기 위해서 고안된 캡차는 튜링 테스트와 정확히 반대로 작동한다. 기계가 사람에게 자신은 사람이라고 믿게 만드는 게 아니라, 사람이 자신은 정말 사람이라고 기계를 설득시키는 방식이다. 가령 — 대개 풀기 힘든 — 문자들을 서식 마지막에 옮겨 적어서 우리가 고약한 스팸 로봇이 아닌 진정한 인간이라는 것을 증명하는 것이다. 현재 잘 훈련된 인공 지능이 어렵지 않게 캡차를 우회하는 탓에 텍스트 캡차는 효용성을 잃었다. 더 잘 만들어진 버전들은 단순한 체크 상자 앞에서 마우스가 어떻게 움직이는지 분석하거나 사용자에게 여러 장의 사진을 보여 주고 자동차가 포함된 사진을 고를 것을 요구한다.

에니그마를 해독하다

"게임은 제법 단순했다. 독일군의 메시지에는 놀라운 공격, 폭격, 급박한 잠수함 공격 내용이 담겼고, 이 모든 게 공중을 떠돌아다녔다. 작은 수신기만 있으면 초등학생도 가로챌 수 있는 라디오 신호였다. 여기에 묘수는 신호가 암호화됐다는 것이다. 에니그마의 가능한 조합의 수는 1해 5900경이었다. 모든 조합을 시도해 보는 일밖에 없었다. 하지만 열 명의 사람들이 24시간 하루 온종일, 일주일 내내 1분당 조합 1개를 확인한다 치면 이 가능성을 하나하나 테스트하는 데 며칠이 걸릴 것 같은가? 일로 계산이 안 되고, 햇수로 계산된다. 무려 2000만 년이다. 공격을 막으려면 우리는 2000만 년 치의 조합을 20분 만에 테스트해야 한다."

블레츨리에서 튜링의 연구 핵심은 에니그마 기계에 의해 암호화된 메시지를 해독하는 것이었다. 1923년부터 상용화되기 시작한 이 암호화 체계를 독일의 발명가 아르투어 세르비우스는 '뚫을 수 없는' 기계라고 소개했다. 1926년부터 독일 해군이 에니그마를 도입했으며, 이후 1929년부터는 독일 육군에서도 사용했다. 시간이 흐르면서 에니그마의 수많은 버전이 판매되었지만, 모든 버전은 동일한 원리를 기반으로 작동된다. 여행용 가방 크기의 전기 기계인 에니그마는 치환 암호, 즉 암호화될 메시지의 알파벳마다 다른 알파벳으로 변환되는 방식이 적용되었다.

참고로 영화「이미테이션 게임」프랑스어 버전에서 '암호화한다'는 의미로 사용된 단어 'crypter[크립테]'와 'encrypter[엉크립테]'는 암호학에서 피해야 할 단어다. 메시지를 읽을 수 없게 만들기 위해 암호화한다고 말할 때에는 동사 'chiffrer[시프레]'를 써야 한다. 게다가 두 단어의 반의어인 'décrypter[데크립테]'와 'déchiffrer[데시프레]'는 등가가 아니다. 키(key)를 가지고 평문을 찾을 때 암호화된 메시지는 '복호화(déchiffré)'되는 것이고, 키가 없는 상황일 때에는 암호화된 메시지가 '해독된(décrypté)' 또는 '뚫린' 것이다.

가장 간단하고 오래된 치환 암호는 기원전 1세기 율리우스 카이사르가 개인 서신을 교환할 때 사용했던 '카이사르 암호'다. 암호화될 메시지의 각 문자는 알파벳에서 미리 정해진 수만큼 뒤로 움직인다. 키(key)라고 부르는 이 수는 메시지의 발신자와 수신자끼리 사전에 합의된 수다. 예컨대 키 '9'를 선택한다는 것은 아래와 같은 알파벳 치환을 사용하는 것과 같다.

A B C D E F G H I J K L M N O P Q R S T U V W X Y Z

J K L M N O P Q R S T U V W X Y Z A B C D E F G H I

이 알파벳 치환에 따르면 A는 J가 되고, B는 K가 된다. 이 키를 사용하면 'JULES CESAR'의 메시지가 'SDUNB LNBJA'로 암호화된다. 이 메시지의 암호를 풀려면 수신자는 사전에 합의한 수만큼 거꾸로 알파벳을 옮기기만 하면 된다. 하지만 암호화 방식은 그리 견고하지 않다. 사람들이 키를 몰랐어도 가능한 키를 모두 테스트해 보면 충분히 메시지를 해독할 수 있다. 실제로 경우의 수는 25가지밖에 되지 않는다. 암호화된 메시지의 각 문자가 나오는 빈도수를 계산하면서 통계를 내는 방법을 써 볼 수도 있다. 예컨대 만약 문장이 프랑스어이고 가장 많이 등장하는 문자가 L이라면, 아마도 L은 E에 대응할 것이다.

문자마다 적용되는 키를 바꾸면서 어딘가에 있을 스파이들의 임무에 혼선을 주는 방법도 있다. 16세기 외교관 블레즈 드 비주네르가 내놓은 방법이다. 훗날 이 암호 체계는 그의 이름을 붙여 비주네르 암호라고 부른다. 발신자와 수신자가 서로 합의해 키워드 하나를 고른다. 이 키워드를 구성하는 문자들의 알파벳 순서가 뒤로 움직일 횟수다. 예컨대 키워드가 'CLE'이라면 메시지의 첫 문자는 3칸 뒤로(C가 알파벳에서 세 번째이므로) 이동해 해당 문자로 암호화된다. 두 번째 문자는 12칸 뒤로(알파벳에서 L은 열두 번째) 움직이며, 세 번째 문자는 5칸(알파벳에서 E가 다섯 번째) 이동하는 식이다. 메시지의 네 번째 문자는 다시 키워드의 첫 번째 문자를 적용하면 된다. 가령 이 키워드 'CLE'를 적용하면 'BLAISE DE VIGENERE' 메시지가 'EXFLEJ GQ ALSJQQWH'로 암호화된다. 이 체계로 암호화된 메시지는 훨씬 해독하기 어려운 데다가, 키워드가 아주 길고 예측 불가능한 문자로 구성될 경우에는 더 힘들다. 「이미테이션 게임」에서는 등장인물 중 한 명이 이 암호 체계를 적용하면서 '빌(Beale) 암호'라고 잘못 말했다. 이때 사용한 키워드가 성경 구절이었던 탓에 무척이나 길었다. 실제 '빌 암호'는 1885년에 숨겨진 보물의 위치가 쓰여 있다고 하는 텍스트 3개짜리 암호문이다. 지금까지 단 1개의 텍스트만 해독되었는데, 해독된 텍스트는 비주네르 암호를 사용해 암호화되었고 키워드는 미국 독립 선언문이었다.

에니그마 기계는 이 치환 암호의 정교한 버전이다. 불이 켜지는 알파벳 램프 보드가 장착된 타자기 모습을 하고 있다. 가령 A에 해당하는 자판을 누르면, 알파벳 램프 보드에서 A가 아닌 다른 알파벳에 불이 켜진다. 평문을 암호화하기 위해서는 알파벳 램프 보드에서 불이 켜진 문자들로 메시지가 암호화되는지 확인하면서 에니그마의 타자를 치기만 하면 된다. 반대로 암호문을 타자로 칠 때, 암호화에 사용된 기계와 동일하게 조절된 기계라면 알파벳 램프 보드에서 복호화된 알파벳들이 표시된다. 암호화 설정 가짓수가 약 1해 1000경에 달하므로 에니그마는 상당히 견고하다. 이 가짓수가 어떻게 나오는지 이해하려면 기계의 작동 방식을 자세히 살펴봐야 한다.

우리가 앞서 봤듯이, 에니그마를 이용한 암호화는 치환 원리를 기반으로 한다. 기계 부분(알파벳이 새겨진 회전자, 톱니바퀴 멈춤쇠…) 과 전기 부분(배선…)에 의해 암호화가 진행된다. 아래 에니그마 '회 전자(rotor) I'에서 나타나는 치환을 예로 들어 보겠다.

A B C D E F G H I J K L M N O P Q R S T U V W X Y Z
E K M F L G D Q V Z N T O W Y H X U S P A I B R C J

A는 E로 암호화되고, B는 K로 암호화되는 식이다. 암호 분석을 복잡하게 만들려면 메시지의 새로운 문자마다 치환 방식이 바뀌어 야 한다. 어떤 방식이었는지 함께 살펴보자.

에니그마 기계에서 문자의 치환은 회전자 3개와 반사체 1개를 이용해 실행한다. 타자기의 문자 하나를 누르면, 전기 신호가 회전 자 3개와 반사체를 연이어 지나가고, 또다시 회전자 3개(반대 방향으 로)를 통과해 알파벳 램프 보드의 램프에 불을 켠다. 신호가 통과할

영화에 등장한 에니그마에서 회전자 3개, 램프 보트, 자판, 치환판이 보인다.

때마다 치환이 한 번씩 이뤄지는 것이다. 따라서 문자 하나가 암호화되기 전에 7번의 치환 과정을 거친다.

A를 예로 들면, 첫 번째 회전자에 전기 신호가 통과하면서 A는 E로 바뀐다. 그런 다음, 신호는 회전자 II를 통과해 아래의 치환을 실행한다.

A B C D E F G H I J K L M N O P Q R S T U V W X Y Z

A J D K S I R U X B L H W T M C Q G Z N P Y F V O E

따라서 E는 S가 되고, 그런 다음 신호는 회전자 III를 통과한다.

A B C D E F G H I J K L M N O P Q R S T U V W X Y Z

B D F H J L C P R T X V Z N Y E I W G A K M U S Q O

이에 따라 S는 G로 바뀐 다음, 신호는 반사체를 통과한다.

A B C D E F G H I J K L M N O P Q R S T U V W X Y Z

Y R U H Q S L D P X N G O K M I E B F Z C W V J A T

여기서 눈여겨 볼 부분은 반사체가 문자를 다른 문자로 바꾸고 역으로도 바꾼다는 점이다. 위에서는 반사체를 지난 G가 L로 변환되었는데, 역으로 반사체를 지나는 L이 G로 변환되었을 수도 있다. 이제 L이 3개의 회전자 각각을 다시 통과하는데 이번에는 역으로 통과한다(이제 알파벳 치환표를 아랫줄에서 윗줄로 읽어야 한다). 따라서 회전자 III에서 L이 F로 변환된 다음, 회전자 II에서 F가 W로 바뀌고, 마지막으로 회전자 I에서 이 W가 N으로 변환된다. 마침내 자판에서 눌린 A가 회전자를 연속으로 통과해 N으로 암호화되었다. 마찬가지로 B가 F로 암호화되는 과정도 확인할 수 있다. 반사체를 통과하는 단계가 있어서 치환이 두 방향으로 작동되는데, 이러한 방식 덕분에 메시지가 제대로 복호화될 수 있다. 예컨대 A가 N이 되었다면, N은 A가 되는 식이다.

여기까지는 크게 어려울 게 없다. 회전자 시스템이 알파벳 어느 한 문자와 다른 문자를 연결하기만 하면 끝나는 단순한 치환이기 때문이다. 단순히 문자를 섞기 위해서 이렇게 복잡한 체계를 사용할 때 어떤 장점이 있을까? 에니그마에 문자를 하나 입력할 때마다 회전자 I이 한 칸 돌아가므로 정밀하다는 장점이 있다. 회전자 I에서 회전자 II로 통과하는 사이에 회전자 I의 문자들이 한 칸씩 움직이는 것이다. 회전자 I이 한 칸 움직이기 전에 E로 암호화되던 A가 이제 K로 암호화된다. 한 칸씩 움직이던 회전자가 한 바퀴 다 돌면, 그다음 다른 회전자가 한 칸씩 움직이면서 알파벳은 각각의 새로운 문자로 다시 섞이게 된다. 이 모든 과정을 더 복잡하기 만들기 위해서 에니그마의 기계를 작동하는 사람이 회전자들의 위치를 뒤바꾸고 회전자를 교체할 가능성이 있다. 2차 세계대전 초기에 독일 해군은 서로 다른 5개의 회전자를 설치해 그중 3개를 사용하면서, 가능한 조합이 $5 \times 4 \times 3 = 60$가지가 되었다. 60가지 조합마다 각 회전자는 알파벳 개수인 서로 다른 26가지의 위치에 놓일 수 있으므로 결국 회전자 3개의 가능한 맨 처음 위치는 $60 \times 26 \times 26 \times 26 = 1,054,560$

가지다. 전쟁 동안 독일 해군은 추가 회전자들을 설치해 암호 분석을 더 복잡하게 만들었다. 게다가 자판 아래에 있는 플러그보드에서 전선들이 알파벳을 2개씩 연결시켜 타자를 누르는 순간 이를 뒤바꾼다. 매뉴얼은 에니그마 기계의 조작자에게 알파벳 26개 중에서 10쌍을 뒤바꿀 것을 권하는데, 그러면 총 150,738,274,937,250가지의 조합이 나온다(이를 계산하는 과정이 다소 복잡하므로 자세한 내용은 생략하겠다). 여기에 회전자들의 조합에 대한 경우의 수를 곱하면 에니그마의 가능한 조합의 수는 영화에서도 언급되었듯 1해 5900경이다.

독일 해군의 에니그마 기계의 조작자들은 매일 회전자 선택과 전선 배치를 다시 초기화했을 뿐만 아니라 메시지를 보낼 때마다 회전자들의 처음 위치를 초기화시켰다.

1928년부터 폴란드군은 당시 상용화되던 에니그마 기계의 변형 버전인 듯한 장치로 암호화되어 독일에서 송출되는 라디오 신호를 가로채기 시작했다. 라디오 신호를 해독할 수 없었던 폴란드군은 1932년 세 명의 젊은 수학자 예지 루지츠키, 헨리크 지갈스키, 마리안 레예프스키에게 도움을 요청했다. 당시 에니그마 기계는 더 단순했다. 서로 다른 회전자가 3개뿐이었고, 알파벳 중에서 단 6쌍만 플러그보드에서 뒤바뀌며 회전자들의 처음 위치는 같은 날 동안에 바뀌지 않았다. 조합의 수는 더 적었기 때문에 폴란드 수학자 셋은 가로챈 메시지를 해독할 수 있는 방법을 찾아내는 데 성공했다. 이 방법이 자동화될 수 있던 덕분에 최초의 해독 기계 '봄브(Bombe)'가

앨런 튜링이 설계한 영국의 '봄브(Bombe)' 모습.

탄생할 수 있었다. 봄브는 전송되는 메시지의 75%를 자동으로 해독했다. 1939년 폴란드가 침공당하자, 세 명의 수학자들은 프랑스로 망명해 영국 정보기관에 자신들의 연구 결과를 공유했다. 같은 시기 독일군은 에니그마를 복잡하게 만들고(회전자와 배선의 수를 증대) 전송 매뉴얼의 보안을 강화했다(전송 암호를 더 자주 변경). 폴란드 수학자들이 수행했던 연구만으로는 더 복잡해진 새로운 에니그마 버전을 뚫기 힘들었다.

1938년 튜링은 블레츨리에 합류해 봄브에 대한 연구를 다듬었다. 테스트 중인 알고리즘을 개선하면서 성능이 더 좋은 해독 기계를 제작하는 연구였다. 영화 속 내용과 다르게 튜링은 혼자서 해독 기계를 개발하지 않았다. 특히 기계를 설계할 때 수학자 고든 웰치먼의 도움에 의지했다. 에니그마가 복잡했지만 몇몇 결점들이 있어 해독 기계를 개발하는 데 이를 이용할 수 있었다. 에니그마의 핵심은 암호를 역행할 수 있게 돕는 반사체가 있다는 것이다. 가령

A가 B로 암호화되었다면, B는 A로 암호화된다. 더욱이 같은 문자로 암호화될 수 없다. 튜링이 고안한 기계는 독일어로 날씨를 뜻하는 'WETTER' 같은 단어, 즉 독일어 전송 메시지에서 나올 법한 단어들을 찾으면서 가장 가능성 있는 회전자 위치들로만 간추려질 때까지 가능성이 낮은 회전자 위치를 제거했다. 그리고 나서 회전자 위치들이 수작업으로 분석되었다. 하지만 메시지 1개가 해독되었다 할지라도 독인군들이 자신들만의 약어와 은어를 사용했던 탓에 읽을 수 없었다.

튜링 기계

클라크: "만능 기계를 만들고 있어요? 대학에서 당신의 논문을 읽은 적 있어요."

튜링: "벌써 학교에서 내 연구를 가르치고 있나요?"

클라크: "아, 그건 아니에요. 제가 앞서갔죠. 어쨌든 당신이 고안한 기계는 모든 문제를 해결할 수 있다는 거죠? 그 기계는 어떤 한 가지 일만 수행하는 게 아니라 모든 것을 다 할 수 있고, 그저 프로그램을 수행하는 것뿐만 아니라 재프로그래밍도 할 수 있는 거고요."

튜링이 수학계에 남긴 업적은 암호 분석 성공에서 끝나지 않는다. 영화 속에서도 짤막하게 언급되는 계산 가능성에 대한 튜링의 연구는 훗날 이론적 컴퓨터 과학을 탄생시켰다. 무엇보다 튜링은 '알고리즘'의 현대적 개념을 창시한 인물에 속한다고 볼 수 있다. 튜링의 주요 업적, '튜링 기계'에 대해 더 자세히 알아보자.

여기 알고리즘이 있다.

1) 빈 계량컵을 하나 집는다.

2) 반복한다:

3) 컵에 물 10 ml를 붓고,

4) 500 ml**까지** 물을 채운다.

이는 계량컵에 물 500ml를 채우기 위해 거쳐야 하는 절차다. 알고리즘에서 '입력'은 빈 계량컵이고, '출력'은 500 ml까지 채워진 계량컵이다. (3)번 명령은 (4)번 조건이 충족될 때까지 50번 반복될 것이며, 조건이 충족되면 알고리즘은 종료된다. 역으로, 만약 (1)번의 '빈 계량컵'이라는 조건을 '처음부터 510 ml'의 물이 담긴 계량컵으로 바꾼다면, 알고리즘은 절대 멈추지 않고 무한히 작동될 것이다. 10 ml씩 물을 더 붓는다 할지라도 처음부터 제한선을 넘겼기 때문에 (4)번 조건이 충족되는 일은 절대 없을 것이다.

주어진 알고리즘이 종료되는지 아니면 무한히 작동하는지 알 수 있는 가장 간단한 방법은(하지만 가장 빠른 방법은 아닌) 알고리즘을 돌려 보고 출력을 확인하는 것이다. 그렇지만 확인할 수 있는 다른 방법은 없을까? 어떤 알고리즘이 다른 알고리즘의 행동을 계산할 수 있다고 상상해 볼 수도 있다. 이 메타 알고리즘에 검토해야 할 알고리즘을 입력하고, 해당 알고리즘이 종료되는지 아니면 무한히 작

동하는지 결정할 것이다. 이를 위해서 '알고리즘'이라는 그리 간단
치 않은 개념을 공리화해야 했다.

'멈춤 문제(Halting problem, '정지 문제'라고도 함)'라고 부르는 이
문제는 1930년대 초에 등장했다. 1900년 다비트 힐베르트가 내놓
은 23개의 수학 문제 중 두 번째는 정수에 대한 정리가 참이면서 동
시에 거짓일 수 없다는 명제를 증명하는 산술의 무모순성 문제였다.
1928년 힐베르트는 자신의 명제를 다시 정리해 수학의 완전성(모든
명제가 과연 참 아니면 거짓일까?)과 결정 가능성(모든 문제는 알고리즘
에 의해 해결될 수 있는가?)에 대해 의문을 가졌다. 멈춤 문제는 마지
막 질문에 해당된다.

1936년 앨런 튜링은 자신의 '기계'를 소개하면서 멈춤 문제에 대
한 풀이를 내놓았다. '튜링 기계'는 실제 기계가 아니다(레고 블록 등
으로 튜링 기계를 구현하길 좋아하는 이들이 있지만). 정작 튜링 기계는
무한히 긴 테이프로 여러 기호를 다루는 추상적 기계다. 더 자세히
설명하면, 튜링 기계는 항상 4가지 요소로 구성되어 있다.

- 여러 칸으로 나뉜 무한히 긴 테이프. 칸은 비어 있지만 여기에
  숫자 '0'이나 '1'처럼 문자를 기입할 수 있다. 테이프에 적힌 첫
  번째 내용은 알고리즘 입력이고 마지막은 출력이다.
- 읽기/쓰기 헤드. 테이프를 따라 이 칸에서 저 칸으로 이동(오
  른쪽이나 왼쪽 방향으로)할 수 있고 칸에 기입된 내용을 읽을 수
  있으며, 필요한 경우 기입한 내용을 지우고 '0'이나 '1'을 테이

프에 다시 쓸 수도 있다.

- 상태 기록기. 기계의 상태를 표시한다. '종료' 상태 등 가능한 상태는 유한개다. 만약 기계가 '종료' 상태라면 기계는 멈춘다.
- 작동 규칙표. 각 상황에서 수행해야 할 명령을 헤드에 표시한다. 명령은 항상 다음의 문장과 같은 형태일 것이다. '만약 상태가 [ ] 상태이고 읽힌 문자가 [ ]라면, 문자 [ ]를 쓰고 오른쪽/왼쪽 방향으로 헤드를 이동하며 [ ] 상태로 바꿔야 한다.' 이 작동 규칙표가 튜링 기계의 프로그램이라 볼 수 있다. 대화 속 튜링이 언급했듯이 작동 규칙표의 매개 변수를 바꾸면서 마음대로 작동 규칙표를 재프로그래밍할 수 있다.

튜링 기계의 작동을 이해하기 위해서 3가지 상태(A, B, 종료)가 있는 기계를 살펴보고자 한다. 아래에 작동 규칙표가 있다.

현재 상태	읽힌 문자	쓰는 문자	헤드 이동 방향	다음 상태
상태 A (초기 상태)	'0'	'0'	오른쪽	상태 A
	'1'	'1'	오른쪽	상태 A
	비어 있음	비어 있음	왼쪽	상태 B
상태 B	'0'	'1'	왼쪽	종료
	'1'	'0'	왼쪽	상태 B
	비어 있음	'1'	왼쪽	종료

테이프의 읽기 헤드(검은 칸에 기호로 표시)에 우리가 고른 정수를 이진수로 쓴다. 이를테면 27의 이진수 '11011' 입력을 선택했다.

0단계

그러면 기계를 작동시킨다. 처음에 헤드가 칸에 적힌 내용을 수정하지 않고 상태 A로 머물면서 오른쪽으로 이동해 '비어 있음' 칸까지 간다.

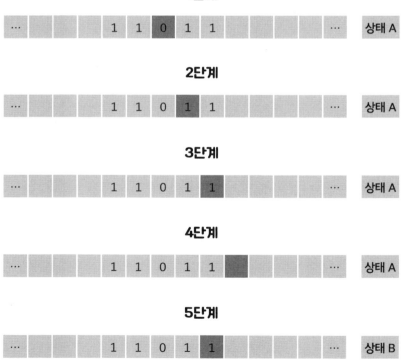

이제 기계는 상태 B에 있다. 헤드는 '0'과 '1'을 뒤바꾸면서 왼쪽으로 이동해 '0'을 만난 다음 멈출 것이다.

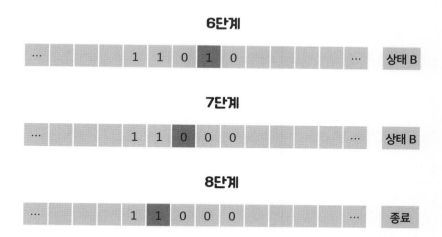

6단계
| | | | | 1 | 1 | 0 | **1** | 0 | | | … | 상태 B |

7단계
| | | | | 1 | 1 | **0** | 0 | 0 | | | … | 상태 B |

8단계
| | | | | 1 | **1** | 0 | 0 | 0 | | | … | 종료 |

8단계 이후, 기계는 멈췄고 테이프는 이제 28의 이진수인 '11100'을 표시한다. 더 일반화하자면, 이 튜링 기계가 이진수로 쓴 정수에 1을 더한다는 것을 보여 준다. 가령 이와 같은 기계가 입력 '111'(7의 이진수)에서 출력 '1000'(8의 이진수)으로 끝나는 것을 확인할 수 있을 것이다.

튜링 기계는 얼핏 한계가 있어 보이지만, 실제로는 무척 강력하다. 우리가 유한개의 기본 단계로(오늘날 알고리즘에 해당) 설명할 수 있는 연산 과정이라면 무엇이든 튜링 기계의 형태로 존재한다. 그래서 우리는 이 기계를 '보편적'인 것으로 여기며, 어떤 알고리즘 작업이든 수행할 수 있다.

그 결과 튜링 기계는 두 정수를 곱하고, n 이하의 소수 목록을 작성하거나 π에서 소수점 이하 n번째 자리까지 나열할 수 있다. 앞서 언급되었던 '어떤 수 X에 1을 더하는' 함수는 '계산 가능한' 함수라고 부르는데, 다시 말하면 튜링 기계는 입력값 X가 무엇이든 간에 유한개의 단계를 거쳐 이 함수의 결과를 나타낼 수 있다.

계산 가능성에 대한 명료한 정의 덕분에, 앨런 튜링은 어떤 알고리즘에 있어 계산할 수 있는 것과 없는 것이 무엇인지 정의 내리고 더 나아가 멈춤 문제를 푸는 데 매진할 수 있었다. 튜링은 메타 알고리즘이 다른 알고리즘의 행동을 계산할 수 있다고 가정한 뒤, 이를 메타 튜링 기계(다른 튜링 기계에서 이진수로 부호화된 내용이 기입된 테이프가 들어 있는 튜링 기계) 형태로 프로그래밍할 수 있다는 것을 보여 주었다. 그다음 이 알고리즘을 자체적으로 적용시켰을 때 모순된 상황에 이르게 되는 것을 보여 주었다. 그러므로 이 메타 알고리즘은 존재하지 않는다. 튜링 기계의 이론적 모델 덕분에 튜링은 멈춤 문제를 풀 수 있는 알고리즘은 결코 존재하지 않는다는 사실을 증명하는 데 성공했다. 이러한 성공은 알고리즘 하나만으로 정확하게 풀 수 없는 문제들이 있다는 것을 의미하며, 이러한 문제를 '결정 불가능 문제'라 부른다.

「이미테이션 게임」의 마지막 장면에서는 튜링 기계를 오늘날 우리가 '컴퓨터'라 부른다는 설명이 자막으로 나온다. 하지만 이는 다소 과장된 것이다. 튜링 기계는 오늘날 이미 큰 성과를 거둔 컴퓨터 과학의 이론적 기반으로 보는 게 더 바람직하다.

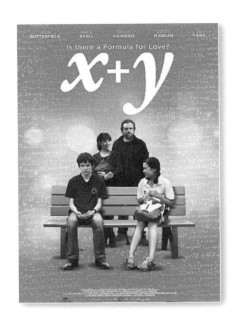

모건 매슈스 감독의 「네이든(2014년)」
출연: 에이사 버터필드, 라프 스폴, 샐리 호킨스 등

네이든 엘리스는 자폐 장애를 가진 열네 살 소년이다. 아빠(아주 가까웠던 사이)의 죽음 이후, 대화가 잘 통하지 않는 엄마와 단둘이 산다. 수학을 향한 열정이 가득한 네이든은 국제수학올림피아드에 영국 대표로 출전하는 자격을 얻었다. 대회를 준비하기 위해서 네이든과 그의 팀원들은 중국 대표단과 함께 2주 동안 대만에서 합숙 훈련을 하게 된다. 자신이 만든 기준들로부터 멀리 떨어져 지내게 된 네이든은 중국 소녀 장메이를 만나고, 네이든은 그녀에게 사랑을 느끼며 그녀를 향한 사랑의 공식을 풀어 나간다.

6

국제수학올림피아드에서
사랑의 방정식으로 우승할 수 있을까?

「네이튼($X + Y$)」은 다큐멘터리 연출에 더 익숙한 영국 감독 모건 매슈스의 유일한 픽션 영화다. 매슈스 감독은 2006년 국제수학올림피아드에 참가하는 영국 대표단의 준비 과정을 담은 자신의 다큐멘터리 「뷰티풀 영 마인즈」를 각색해 첫 장편영화를 찍었다. 다큐멘터리에 나오는 영국 대표 대니얼 라이트윙이 주인공 네이튼 엘리스의 모티브가 되었다고 한다.

영화를 보면 다양한 형태로 수학이 나온다. 많은 고전(피타고라스의 정리, 소수, π)이 언급되고, 이는 영화를 보는 관객들에게 몇몇 실마리를 제공하는 역할을 한다. 게다가 국제수학올림피아드라는 세계가 더 야심 차게 보일 수 있도록, 노트와 칠판에는 국제수학올림피아드의 전형적인 문제를 연상시키는 도형들이 눈에 띈다. 이러한 까다로운 수학과 씨름하면서도 네이튼은 '사랑의 공식'을 발견한다.

119

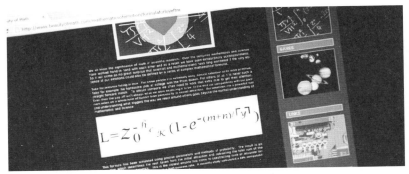

영화에서 표현한 사랑의 공식은 안타깝게도 실제로 어떤 수학적 근거도 없다.

이런 말을 하게 되어 유감이지만, 이 사랑의 방정식은 영화의 독창
적 창작물이며 수학적 근거가 전혀 없다.

국제수학올림피아드

네이든: "국제수학올림피아드는 가장 권위 있는 고등학생 수학 경시 대
회다. 전 세계 학생들에게는 서로 수학 실력을 겨뤄 볼 멋진 기회다. 중
국이 기록을 보유하고 있다. 팀원 여섯 명이 각자 금메달을 수상했던 적
이 열한 번이나 된다. 올림피아드에서 가장 어려운 문제는 1996년 대회
의 5번 문제였다."

영화의 배경이 된 국제수학올림피아드는 1959년부터 시작되었
다. 해마다 열리는 이 수학 경시 대회는 전 세계 백여 개 국가의 청소
년을 대상으로 열린다. 나라마다 지역 선발전을 열어 중학생이나 고
등학생 여섯 명을 한 팀으로 뽑아 국가 대표로 내보내는데, 대학 교

육을 시작하지 않았다면 여러 번 참가할 수 있다. 대회가 열리는 이틀 동안 학생들은 각자 6개의 문제를 푼다. 문제는 대수학, 조합론, 정수론과 기하학을 비롯해 일반적으로 학교 수업 과정에 포함되지 않은 분야를 바탕으로 한다. 이론적으로 문제를 이해하는 데 수학에 대한 심오한 지식은 하나도 필요 없다. 실제로 문제 풀이들은 이미 알려진 수학 정리들에 근거하며, 짧고 뛰어난 풀이만이 좋은 점수를 받는다. 한 문제당 7점 만점이며 개인 최대 점수는 42점 만점이다. 상위권 참가자들에게 메달이 수여되는데, 상위 12분의 1은 금메달을 받고, 6분의 1은 은메달, 4분의 1은 동메달을 받는다. 한 팀당 최대 점수는 252점 만점이며, 지금까지 유일하게 만점을 받았던 국가는 1994년 미국팀이다. 하지만 최우수 국가는 1999년부터 연속으로 시상대에 오르고 있는 중국으로, 1985년 첫 참가 이후로 1위 자리를 스무 번이나 차지했다.

수많은 수학자들이 국제수학올림피아드에 참여해 자신의 실력을 발휘했다. 2014년 필즈상을 수상했던 마리암 미르자하니는 1995년 국제수학올림피아드에서 메달을 딴 첫 이란 여성이었고, 밀레니엄 문제를 유일하게 풀었던 러시아의 수학자 그리고리 페렐만은 1982년 42점 만점을 받았다. 그리고 필즈상을 수상한 호주의 수학자 테렌스 타오는 1986년 약 열한 살의 나이에 처음으로 국제수학올림피아드에 참가했다. 당시 최연소 참가자였는데 동메달 1개를 수상했다. 그다음 해에는 은메달 1개 그리고 열세 살의 나이로 세 번째이자 마지막으로 참가해 금메달을 받았다.

네이든이 영화에서 언급한 1996년 대회의 5번 문제는 국제수학 올림피아드에서 가장 어려운 문제로 손꼽힌다. 당시 참가자들의 평균 점수는 7점 만점에 0.493점밖에 되지 않았다. 그런데 실제로는 이보다 더 어려운 문제가 있었다. 2017년 대회의 3번 조합론 문제로 7점 만점에 평균 0.042점을 기록했고 참가자의 98.9%가 실패했다. 해당 문제는 유클리드 평면에서 보이지 않는 토끼를 노리는 사냥꾼을 다뤘는데, 얼핏 보면 아래에 나오는 1996년 대회의 5번 문제보다 덜 인상적이다.

"볼록 육각형(패인 부분이 없음) ABCDEF는 마주 보는 2개의 변끼리 서로 평행을 이룬다. 이 도형의 둘레를 p라고 하자. 삼각형 FAB, BCD, DEF의 외접원들이 있고, 이 외접원의 반지름을 각각 R_A, R_C, R_E라고 하자. $R_A + R_C + R_E \geq \dfrac{p}{2}$임을 증명하라."

여기서 자세히 설명하지 않겠지만, 풀이 자체는 까다롭지 않다. 육각형의 변 BC와 EF 사이의 거리가 BF의 길이보다 더 짧은 육각

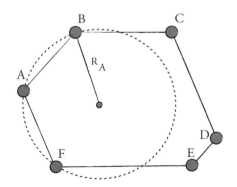

서로 마주 보는 변들이 평행하는 볼록 육각형 ABCDEF의 예시. 여기에 삼각형 FAB의 외접원, 즉 꼭짓점 F, A, B을 지나는 단 하나의 원이 표현되었다.

형의 간단한 특성을 토대로 하는 풀이 과정이다. 육각형의 길이와 각도 사이의 삼각법 관계를 쓰면서 삼각형 FAB를 포함하는 부등식을 표현할 수 있는데, 이는 올림피아드에 참가할 정도의 학생이라면 누구나 할 줄 아는 수준이다. 문제가 무척이나 당황스러웠던 이유는 삼각형을 포함하는 기하학 문제를 풀 때 쓰는 몇몇 관습을 뒤집었기 때문이다. 이러한 유형의 문제는 대개 연관된 삼각형들의 흥미로운 관계가 무엇인지 알아내기 위해서 삼각형들을 따로따로 파고들기 시작한 다음, 결론을 낼 수 있도록 이 삼각형들을 조합해 보는 식으로 풀게 된다. 하지만 이 문제를 푸는 방법은 이와 완전 다르다. 각각의 삼각형을 분석하려면 다른 삼각형들의 구성 요소를 활용할 필요가 있기 때문에 우선 도형을 전체적으로 분석해야 한다.

수학적 추론의 아름다움

> **리처드:** "좋아. 여기 스무 장의 무작위 카드가 한 줄 있어. 모두 뒷면으로 놓여 있지. 카드 한 장을 집어 앞면으로 뒤집고 곧바로 다음 오른쪽에 있는 카드를 뒤집는 거야. 뒤집으려고 고른 카드가 무엇이든 간에 이러한 행동 패턴이 결국에는 종료된다는 것을 증명하는 문제다. 네이든! 교실 구석에 숨어 있지 말고, 나와서 이 문제를 설명해 줄 수 있을까?"

이 장면에서 낯을 가리는 네이든 엘리스는 교실 앞으로 나가 카드 놀이와 관련된 문제를 풀이하며 처음으로 말문을 연다.

"테이블 위에 스무 장의 카드가 뒤집혀 일렬로 놓여 있다. 뒷면

영국 대표팀의 선생님 리차드가 학생들에게 카드 문제를 내고 있다.

의 카드 한 장을 골라 뒤집은 다음 바로 옆 오른쪽 카드도 뒤집는 행동(단, 오른쪽에 카드가 없는 경우는 예외)을 가능한 만큼 반복한다. 카드를 고르는 방법이 무엇이든 간에 카드가 모두 뒤집히면 이 행동은 종료된다는 것을 증명하라."

자, 여러분은 어떻게 할 것인가? 까다로운 이 문제는 관점을 바꾸면 훨씬 더 접근하기 수월해진다.

문제를 푸는 데 좋은 방법은 카드를 수로 생각하는 것이다. 이를테면 뒷면 카드를 '1', 뒤집힌 카드를 '0'으로 대응해 보면 된다. 그러면 카드 스무 장의 패턴이 스무 자리의 이진수로 연결되며, 처음에는 '11111111111111111111'으로 시작하게 된다. 뒷면 카드를 하나 골라 뒤집고 그 오른쪽 카드도 뒤집는 행동은 수열 '11'에서 '00'으로 바꾸거나 수열 '10'에서 '01'로 바꾸는 것과 같다. 하지만 왼쪽 카드가 반드시 뒷면이어야 하기 때문에 '00'에서 '11'로 바뀌거나 '01'에서 '10'으로 바뀌는 일은 결코 없다는 사실을 짚고 넘어가자. 좌우

지간 이런 방식으로 주어진 조건에 따라 카드를 뒤집으면 스무 자리의 수가 단조 감소하는 수로 바뀐다. 그러면 모든 카드가 결국에 뒤집히게 된다는 결론을 이끌어 낼 수 있다. 왜냐하면 이러한 수열은 정수로 구성되어 있는 데다가 단조 감소하기(각각의 수가 앞서 있는 수보다 더 작다) 때문이다. 그런데 단조 감소하는 양의 정수의 수열은 무한히 이어질 수 없다. 따라서 이 수열은 유한한 횟수로 카드 뒤집기를 수행하다가 주어진 조건에 따라 뒤집힐 수 있는 카드가 하나도 없을 때 종료될 것이다. 이와 같은 풀이는 수학적 추론이 가질 수 있는 아름다움을 돋보이게 한다.

램지 이론

라오시: "72개의 변으로 이뤄진 정다각형의 꼭짓점들이 동일한 개수로 빨강, 초록, 파랑으로 칠해져 있어. 빨간색, 초록색, [그리고] 파란색 꼭짓점을 4개씩 골라서 같은 색 꼭짓점끼리 이은 사각형들이 합동임을 증명해 보자."

루크: "그런데 문제 전체가 램지 이론에 의해 일반화될 수 있어요."

리처드: "루크, 미안하다. 너보다 먼저 손을 든 학생들이 있었어."

루크: "네, 그런데 지금 제가 대답했는걸요."

영화에서는 국제수학올림피아의 전형적인 조합론 문제가 여러 번 등장한다. 수업 장면에서 언급된 램지 이론은 이러한 조합론 문제들을 상징하는 키워드다. 뒤죽박죽으로 많은 요소들을 한데 모을 때, 결국에는 어떤 구조들이 항상 나타난다는 것이다. 램지 이론을 요약 설명할 때면 '완벽한 무질서는 없다'라고 달리 표현되곤 한다.

램지 이론에서 핵심 문제는 램지 정리의 문제다. 이웃들이 모이는 파티 문제를 통해서 램지의 정리를 소개할 수 있다.

"어느 건물의 모든 입주민들이 서로 인사를 나누기 위한 바비큐 파티가 열렸다. 파티에 초대받은 손님들 가운데 이미 이전에 서로 만났던 사람들도 있는 반면 이날 서로 처음 보는 사람들도 있다. 서로 알고 있는 사이인 3명 또는 서로 모르는 사이인 3명이 확실하게 있으려면 최소 몇 명의 손님이 있어야 할까?"

서로 알고 있는 3명 또는 서로 전혀 모르는 3명과 같은 손님의 최소 수를 R(3)으로 적는다. 우선, 미아, 해리와 캐런 커플, 데이비드와 나탈리 커플이 참석해 모두 5명의 손님이 있는 파티를 생각해 보자. 캐런과 데이비드는 서로 동료이지만, 그들의 배우자들은 서로 처음 본다. 그리고 미아는 이미 나탈리를 만난 적이 있고 해리와도 잘 아는 사이다. 그렇다면 이 모임 안에서 이미 서로 알고 있는 3명은 없으며, 서로 처음 만나는 3명도 없다는 사실을 확인할 수 있다. 이른바 '램지 이론'으로 불리는 이러한 특성은 5명으로는 분명 일어나지 않는다.

그럼 이제 6명이 참석한 다른 파티를 살펴보자. 여기서 서로 이미 잘 알고 있는 3명 또는 처음 보는 3명이 있다는 램지 이론의 특성이 반드시 확인됨을 증명하고자 한다. 손님 중 한 명의 이름은 요한이다. 나머지 손님 5명 중에서 요한을 알고 있는 사람이 최소 3명이 있거나 요한을 모르는 사람이 최소 3명이 있는지 확인해 볼 수 있다. 3명이 요한을 이미 만난 적 있다는 첫 번째 경우를 따져 보자. 이 3명이 서로 알고 있는 사이가 아니라면, 이들이 램지 이론의 특성을 증명해 준다. 그렇지 않고 이들 중 최소 2명이 서로 알고 있다면 요한을 포함한 당첨자 트리오(서로 아는 사이인 3명)가 만들어진다. 최소 3명이 요한을 모른다는 두 번째 경우에서도 동일한 방식으로 추론해 볼 수 있으며, 같은 결론에 도달하게 된다. 그래서 손님들의 이름을 바꿔보더라도 한 파티 장소에 6명이 모여 있는 순간부터 이러한 상황은 반드시 일어날 것이다. 결국 램지 이론의 특성은 파티에 6명 또는 그 이상이 모이는 순간부터 항상 참이라는 결론을 낼 수 있다. 이렇게 $R(3) = 6$임을 증명한 것이다.

문제를 일반화하면 다음과 같다. 손님들끼리 서로 알고 있거나 아니면 서로 전혀 모르는 손님 인원수 k라는 그룹이 분명 존재한다고 확신하려면 몇 명이 모여 있어야 할까? 램지의 정리는 이 $R(k)$가 항상 존재한다고 강조했으나 정확한 그 값에 대해서는 아무런 말이 없었다. 이를테면 $R(4) = 18$, 즉 누구이든 간에 18명이 모인 그룹에서 서로 알고 있거나 아니면 전혀 모르는 4명이 항상 있지만, 17명이 있을 때는 참이 아니다. $k = 5$인 경우는 까다로워 $R(5)$의 값이 엄격하게 42와 50 사이에 있다는 것만 확인되고 있다. $R(6)$의 값은 102와 165 사이 어딘가에 있다. 헝가리 수학자 폴 에르되시는 인류의 연산 능력을 모두 다 쓰더라도 $R(6)$의 정확한 값을 계산해 낼 수 없다고 주장했다.

요약하자면, 어떤 특성을 확인하기 위해 모이는 대상의 최소 수를 찾는 문제라면 곧바로 램지의 이론에 넣을 수 있다. 그래서 영화에서 루크가 램지 이론을 언급한 것이다.

그리고 램지 이론에서 빼놓을 수 없는 문제가 하나 더 있다.

"평면도에 (최소) 점 5개(한 직선에 놓이지 않고 겹치지 않은 점)가 주어졌을 때, 이 중에서 볼록 사각형의 꼭짓점을 이루는 점 4개가 항상 존재한다."

이 정리는 점 5개가 있을 때 볼록 사각형을 항상 그릴 수 있음을 의미한다.

1933년 헝가리 수학자 에스터 클라인(1910~2005년)이 이 문제를 발견해 증명했다. 그녀는 이 문제를 오각형, 육각형 또는 다른 볼록 다각형에도 일반화할 수 있는지 의문을 가졌고 동료 수학자인 조지 세케레시에게 이에 대해 말했다. 일주일 후, 조지 세케레시는 긍정적인 대답을 가지고 왔다.

"평면도에 충분히 많은 점들이(한 직선에 놓이지 않고 겹치지 않은 점) 있을 때, 꼭짓점을 이어 볼록 다각형을 만들 수 있는 점 N개가 항상 존재한다."

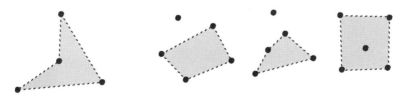

왼쪽에는 볼록 사각형을 만들어 내지 못하는 점 4개를 예로 보여 준다. 오른쪽을 보면 점 5개에서 여러 볼록 사각형이 만들어진다. 어쨌든 (최소) 1개의 볼록 사각형은 항상 존재한다.

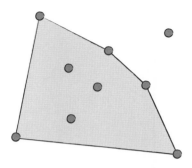

어떤 형태로든 점 9개가 평면도에 놓일 때부터 볼록 다각형을 항상 그릴 수 있다.

이 정리와 일반화에 대해 처음 의견을 나눈 지 4년이 지나 1937년 에스터 클라인과 조지 세케레시는 결혼했다. 이들의 결혼을 축하하기 위해서 폴 에르되시는 이 정리에 '해피 엔딩 문제'라는 이름을 붙였다.

다시 영화로 돌아가 국제수학올림피아드 준비할 때 만나는 전형적인 문제를 살펴보자. 72개의 각과 변이 모두 같은 다각형인 정72각형이 하나 있다. 이 다각형의 꼭짓점은 모두 색이 칠해져 있다. 빨

라오시 선생님이 학생들에게 램지 이론 관련 문제를 내고 있다.

강 꼭짓점 24개, 초록 꼭짓점 24개, 파랑 꼭짓점 24개다. 같은 색의 꼭짓점 4개를 고를 때, '단일색' 꼭짓점으로 이뤄진 사각형을 그릴 수 있다. 꼭짓점을 색칠하는 방식이 어떻든 간에, 포개질 수 있는(또는 서로 '합동'인) 단일색 꼭짓점으로 이뤄진 사각형 3개(꼭짓점 색마다 1개씩)를 항상 그릴 수 있음을 증명해야 한다. 이 문제는 램지 이론의 문제로 보여질 수 있다. 아주 많은 점, 정확하게는 72개의 점이 있고, 여기서 '서로 합동이며 단일색의 꼭짓점으로 이뤄진 사각형 3개'가 분명 존재함을 증명하고자 한다. 안타깝게도 램지 이론을 통해 우리는 아주 많은 점들이 있을 때 그 특성이 아마도 참일 것이라고 알 수 있지만, 그 많은 수가 72라고 말해 주는 근거는 없다.

그렇다면 72이라는 수가 충분한지 증명해 보자. 투명지 위에 꼭짓점이 72개인 다각형을 베끼고 빨강 꼭짓점 24개를 표시한다. 그러면 원본 정72각형 그림 위에 이 투명지를 포개어 놓고, 각도를 5도씩 71번 회전시킨다(예컨대 시계 방향으로). 5도씩 움직일 때마다 투명지 아래에 놓인 정72각형의 초록 꼭짓점과 겹쳐지는 빨강 꼭짓점들이 있을 것이다. 투명지의 빨강 꼭짓점마다 원본 다각형의 초록 꼭짓점 각각을 만날 것이기 때문에 계산해 보면 한 바퀴를 다 도는 동안 24 × 24 = 576개의 빨강 꼭짓점과 초록 꼭짓점들이 서로 만나고, 평균을 내면 5도씩 옆으로 회전할 때마다 576 ÷ 71 = 8.11개의 빨강 꼭짓점과 초록 꼭짓점들이 서로 만난다. 이 평균값은 엄격하게 8보다 더 크므로 투명지가 71번의 회전 중에서 분명 적어도 9개의 점들이 서로 만나는 회전이 1개 있다. 최소 9개 점들이 만나

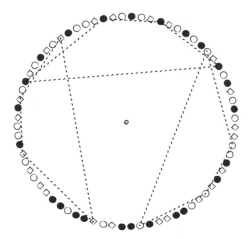

꼭짓점에 골고루 세 가지 색을 칠한 정72각에 서로 합동이면서 단일색의 꼭짓점으로
이어진 사각형 3개가 항상 있다.

는 이 회전을 R이라 부르기로 하고, 투명지에서 R이 아닌 빨강 꼭짓점을 모두 지운다. 그리고 원본 다각형의 꼭짓점과 만나는 꼭짓점을 다시 찾아본다. 이번에는 투명지의 빨강 꼭짓점 9개와 원본 다각형의 파랑 꼭짓점을 사이에 겹치는 꼭짓점을 살펴보는 것이다. 5도씩 71번 회전하면서 한 바퀴를 다 도는 동안 $9 \times 24 = 216$개의 꼭짓점들이 서로 만나고, 투명지를 5도씩 옆으로 회전할 때마다 평균 $216 \div 71 = 3.04$개 점들이 서로 겹쳐진다. 그러면 71번의 회전 중에서 4개의 점들이 서로 겹쳐지는 회전이 1개 있다. 이렇게 해서 투명지에서 꼭짓점 4개를 추려 냈고, 이 꼭짓점들은 파랑 꼭짓점으로 연결된 사각형을 이룬다. 최소 9개의 점들이 겹쳐진 회전 R로 돌아가면, 이때 만들어진 사각형은 초록 꼭짓점으로 연결된 사각형이고 맨 처음에 만들어진 사각형은 빨강 꼭짓점으로 연결된 사각형이

다. 결국 처음 꼭짓점 색칠 방법이 어떻든 간에 서로 합동이면서 단
일색의 꼭짓점으로 이어진 사각형 3개를 찾았다. 이로써 문제가 해
결되었다!

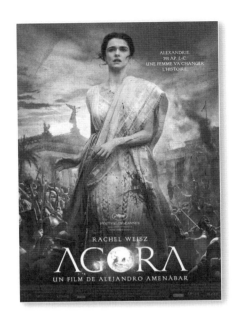

알레한드로 아메나바르 감독의 「아고라(2009년)」
출연: 레이첼 와이즈, 맥스 밍겔라, 마이클 롱스데일 등

391년 이집트 알렉산드리아. 히파티아는 수학자, 철학자이자 천문학자로 우주 안에서 지구의 위치와 자연의 법칙을 연구하며 이를 학생들에게 가르친다. 그리고 그녀를 좋아하는 두 남성, 노예 신분인 다보스와 그녀의 제자이자 훗날 알렉산드리아 총독이 되는 오레스테스가 있다. 당시 이집트는 로마 제국에 의해 점령당했고, 기독교도와 이교도들 사이의 대립이 점점 더 거세지고 있었다. 히파티아는 이런 충돌에 휘말리고 싶지 않았지만, 폭력이 격화되면서 알렉산드리아 도서관과 그곳에 쌓인 모든 지식들이 위험에 처하게 된다.

종교 전쟁이 벌어지는 와중에
지동설이 증명되었다?

「아고라(Agora)」는 로마 제국을 뒤흔든 첫 종교·정치 분쟁을 이야기한 2시간짜리 역사물이다. 이 영화의 감독 알레한드로 아메나바르는 초자연적 현상이 일어나는 집에 사는 가족을 다룬 미스터리 공포 영화 「디 아더스(2001년)」로 유명해졌다. 2004년에는 미국 아카데미 시상식에서 영화 「씨 인사이드」로 외국어 영화상을 받으면서 미국 영화예술과학아카데미의 신입 회원이 되었다. 「씨 인사이드」는 사고로 인해 전신 마비가 된 라몬 삼페드로가 안락사 권리를 위해 싸웠던 실화를 바탕으로 한 영화다. 알레한드로 아메나바르 감독은 마테오 길(2018년 과학을 소재로 한 놀라운 로맨틱 코미디 장편영화 「사랑의 물리학」을 연출)과 함께 「아고라」의 시나리오를 썼다. 이 영화로 2010년 스페인의 영화 시상식 고야상에서 각본상을 비롯해 7개 부문을 수상했다.

영화에는 오레스테스 총독, 알렉산드리아의 주교 테오필로스와 키릴로스 등 역사적 실존 인물들이 다수 등장하는데, 그중에서도 레이즈 와이즈가 분한 히파티아가 가장 비중이 높은 등장인물이다. 역사가 기억하고 있는 바에 따르면 히파티아는 최초의 여성 수학자다. 그녀는 고대 그리스 로마 시대의 수학 관련 저서 연구로 명성이 높았다. 게다가 아폴로니우스의 『원뿔곡선론』에 대한 주석집을 썼고, 13권으로 구성된 디오판토스의 『산학』에 대해 연구했는데 특히 지금 우리가 알고 있는 버전에 아마도 히파티아가 다시 쓴 구절들이 포함되었을 것이다. 또한 히파티아는 수학자인 아버지 테온(약 335~405년)과 함께 프톨레마이오스의 천문학 서적을 연구했던 것으로 알려졌다. 이러한 이유로 영화에서 그녀가 몰두했던 태양과 다른 행성에 관한 지구의 위치 등과 같은 질문은 실제로 히파티아가 관심을 가졌을 개연성이 높다.

알레한드로 아메나바르 감독은 건축, 군사, 역사, 음악, 종교 등 여러 분야의 전문가들에게 자문을 구했다. 과학 분야에서는 천체물리학자 안토니오 맘파소와 과학사학자 하비에르 오르도녜스가 레이첼 와이즈가 천문학 도구를 다루는 장면들의 기술적인 부분을 감수했다. 그렇다 하더라도 아메나바르 감독이 시대 고증 오류와 어림셈해 연출한 장면들이 많은 탓에 영화 자체는 역사적 허구로 봐야 한다. 영화에서 종교 및 정치적 긴장 상황은 이교도로 대표되는 철학과 이성 사이의 대립, 기독교에 의해 나타난 폭력과 신앙에 맞선 투쟁으로 읽혀진다. 더욱이 알렉산드리아 도서관이 파괴된 원인

영화 시작 장면에서 히파티아가 학생들에게 물체의 낙하 법칙을 가르치고 있다.

은 여러 가설이 있는데, 그중에서도 기독교인들 탓으로 그려 낸 감독의 설정은 가장 논란의 여지가 있다. 과학적 내용의 경우, 히파티아가 남긴 연구 흔적이 하나도 없기에 과학자들은 히파티아에 대해 자유롭게 상상할 수 있었다. 하지만 영화를 세부적으로 들여다 보면 절대 일어날 법하지 않은 설정이 있다. 가령 히파티아가 어떤 가설을 제외시키기 위해서 물리학 실험을 진행하는 장면이 그렇다. 히파티아가 소속된 신플라톤학파의 철학에서 실험이라는 방법의 사용은 새로운 과학적 지식을 정립하는 데 추후 따라오게 될 반사적 과정일 뿐 반드시 필요한 과정이 아니었다.

유클리드의 『원론』

히파티아: "시네시오스, 유클리드의 첫 번째 보통 공리를 읽어 봐."

시네시오스: "왜 그걸 제게 물으시죠?"

> **히파티아:** "묻는 말에 대답만 해."
>
> **시네시오스:** "2개의 값… 만약 2개의 값이 세 번째 값과 동일하다면, 이 3개는 서로 동일하다."
>
> **히파티아:** "좋아."

『원론』은 기원전 3세기 알렉산드리아의 유클리드가 썼다. 수학의 토대가 되는 책이다. 13권으로 이루어진『원론』은 고대 그리스 시대의 기하학에 대한 모든 지식을 망라한다. 이미 도입된 정의들과 다른 정리들을 토대로 '정리(theorem)'가 차근차근 증명되는 방법을 가설 연역법이라 하는데, 『원론』은 이 가설 연역법에 따라 기술되었다. 세월이 흐르면서 수많은 저작가들이『원론』을 출판하고 번역했다. 그중에서 잘 알려진 가장 오래된 버전은 히파티아의 아버지가 4세기에 쓴 것이며, 성경 다음으로 인류 역사상 두 번째로 가장 많이 인쇄된 책으로 여겨진다.

『원론』의 1권부터 4권까지는 평면기하학(유클리드기하학)에 대해 주로 다루고 있으며, 5권부터 10권까지는 비례와 산술 문제에 대한 내용이고, 11권부터 13권까지는 입체기하학에 대해 썼다. 1권은 기하학에 대한 정의 35개가 제시되면서 시작한다. 이를테면, 점('점은 부분이 하나도 없는 것이다'), 각('평면각은 평면에서 서로 만나고 같은 방향으로 놓이지 않은 두 선들의 서로에 대한 기울기다'), 또는 평행선('평행선은 같은 평면에 놓이고 양쪽으로 무한히 연장되면서 어디서도 서로 만나지 않는 직선들이다')에 대한 정의가 나열되어 있다. 그런 다음, 유클리드는 10개의 공리('보통 공리'와 '공준'이라 함)를 기술했다. 이 공리들은 증명할 때 기본적으로 사용되며 명백한 것으로 판단되고 인정된 특성들이다. 이를테면 영화에서 언급된 첫 번째 보통 공리('어떤 동일한 것과 같은 것들은 서로 같다')라든가 평행선에 대한 다섯 번째 공준('한 직선이 두 직선을 만날 때 같은 쪽에 있는 내각의 합이 두 직각보다 더 작다면, 무한히 연장되는 두 직선은 내각의 합이 두 직각보다 더 작은 쪽에서 만나게 될 것이다')와 같은 내용이다. 마지막으로 1권에는 자와 컴퍼스를 이용한 정삼각형 작도부터 피타고라스의 정리에 대한 증명까지 48개의 명제와 정리가 담겨 있다. 모든 정의와 정리는 오늘날 우리가 유클리드기하학이라 부르는 학문의 틀을 이룬다.

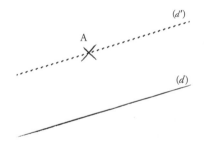

현대식으로 표현하면, 평행선 공리는 '한 직선 (d) 바깥에 있는 점 A를 지나면서 이 직선(d)과 교차되지 않고 평행하는 직선(d')은 단 하나이다'라고 쓴다. 이 공준은 수학자들 사이에서 공리로 인정할 만큼 자명하지 않다고 여겨져 많은 논란이 되었다. 이후 여러 세대에 걸쳐 많은 학자들이 이를 증명할 수 있으리라 확신하며 도전했으나 실패로 돌아갔다. 실제로 이 공리는 다른 공준들로부터 독립적이다. 19세기에 평행선 공준이 독립적이라는 것을 발견한 덕분에 비유클리드라 불리는 기하학이 탄생할 수 있었다. 비유클리드기하학은 고대 그리스 시대의 기하학의 변종으로써 피타고라스의 정리가 성립하지 않는다고 여겼다. 가령 구의 적도에 위치한 점 2개와 구의 극점 1개를 연결하면 변의 길이가 같은 직각삼각형 하나를 구의 표면에 그릴 수 있다. 이 구면 삼각형은 피타고라스의 정리를 만족하지 않으며, 유클리드기하학에 위배되는 성질을 보여 준다. 이와 같은 새로운 기하학은 시공간의 변형을 설명하는 아인슈타인의 이론, 일반 상대성 이론의 방정식에 응용되기도 했다.

아폴로니우스의 원뿔

히파티아: "나의 사랑스러운 알렉산드리아 도서관이에요. 여기서 아이들을 가르치고 있죠."

키릴로스: "아폴로니우스의 원뿔인가요?"

히파티아: "네, 아이들에게 4개의 곡선을 설명하려고 제가 만들었어요."

키릴로스: "원, 타원 [...], 포물선과 쌍곡선. 모두 아름답죠."

히파티아: "종종 저는 그의 계산이 의심스러워요. 원이 어째서 그렇게나 불순한 형태들과 공존하는 걸까요?"

「아고라」에서 등장인물들이 지구의 위치를 연구하는 몇몇 장면을 보면, 항상 같은 물건이 배경에 보이는데 바로 아폴로니우스의 원뿔이다. 나무 원뿔이 5개의 조각으로 쪼개져 있으며, 평평한 절단

히파티아가 만든 아폴로니우스의 원뿔은 나무 조각 5개로 구성되어 원뿔 곡선을 눈으로 볼 수 있다.

면 4개에서 각각 원, 타원, 포물선, 쌍곡선이 보인다. 이 4개의 곡선은 기원전 3세기 기하학자 아폴로니우스가 설명했던 원뿔 곡선이다. 총 8권으로 이뤄진 『원뿔곡선론』에서 아폴로니우스는 직원뿔을 평면으로 자를 때 발견되는 곡선들을 연구했다.

그럼 원뿔 하나를 집어(예를 들면 아이스크림 콘), 탁자 위에 놓은 다음 날카로운 칼을 가지고 원뿔을 잘라 보자.

그러면 다음과 같은 4개의 도형으로 구분된다.

(A) 원뿔을 자르는 평면이 탁자와 평행하다면, 원뿔의 절단면은 원이다. 가장 단순한 원뿔 곡선이며, 영화에서 히파티아는 이를 '완벽'하다고 여겼다.

(B) 원뿔을 자르는 평면이 원뿔의 모선과 평행하다면, 절단면은 포물선이다. 여기서 원뿔의 모선이란, 꼭짓점을 지나면서 원뿔의 밑면 둘레와 만나는 직선이다. 포물선은 'U'자 형태의 곡선이며, 중력의 영향만을 받는 발사체가 그려 내는 궤도와 일치한다.

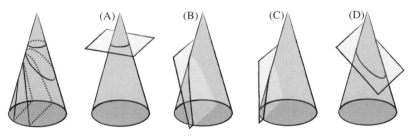

원뿔을 자르는 평면의 기울기에 따라 원뿔의 절단면은 여러 곡선들, '원뿔 곡선'을 이룬다.

(C) 원뿔을 자르는 평면이 포물선을 만들 때보다 더 기울어져 있다면, 그 절단면은 쌍곡선의 분지다. 위의 그림에서처럼 이 경우, 원뿔을 자르는 평면이 탁자와 직각을 이룬다.

(D) 마지막으로 원뿔을 자르는 평면이 포물선을 만들 때보다 덜 기울어져 있다면, 그 절단면은 타원이다. 이 일그러진 원은 영화 내내 히파티아를 괴롭혔던 질문에 대한 답이었는데, 그것은 바로 태양 주변을 도는 행성들의 궤도다.

만약 주변에 원뿔이 없다면, 손전등으로 벽에 빛줄기를 쏘아 원뿔 곡선을 쉽게 만들 수 있다. 빛줄기를 기울이면 벽에 비춰진 반점이 원, 타원, 포물선 아니면 쌍곡선의 분지 모양을 이룬다.[13]

태양 중심설의 역사

> **히파티아:** "네가 했던 말에 대해서 곰곰히 생각해 봤어."
>
> **오레스테스:** "제가요?"

히파티아: "네가 보기에는 하늘의 구조가 너무 자의적이라고 지적했던 적이 있어."

오레스테스: "아, 그건 주전원을 내세우면서 문제를 복잡하게 만들었던 프톨레마이오스를 비판했던 거였어요. 제가 멀리 보지 않고 단순하게 생각하는 사람일까요?"

히파티아: "아니. 하늘도 단순해."

오레스테스: "어떤 점에서요? 근거가 무엇인가요?"

히파티아: "그런데 만약에… 떠돌이별의 움직임에 대한 간단한 설명이 있다면 어떨까?"

관리인: "그런 설명이 하나 있어요! 그런데 너무 어처구니없고 시대에 뒤떨어진 이론이라서 아무도 쳐다보지 않았지요."

오레스테스: "그 이론이 뭐죠?"

히파티아: "아리스타르코스를 말하는 거야?"

관리인: "아리스타르코스는 지구가 움직인다는 가설을 지지하죠. 떠돌이별의 이상한 움직임은 이들이 돌고 있는 태양 주위를 지구도 돌면서 일어난 착시 현상일 뿐이라고 해요."

학생: "태양 중심 체계를 말하는 거죠?"

관리인: "맞아. 태양이 별들의 왕처럼 중심에 있다는 것이지."

히파티아: "우리 지구는 그 주위를 도는 여러 떠돌이별 중에 하나일지도 몰라."

우주에서 지구의 위치는 영화의 주된 질문이다. 천문학 역사에서도 마찬가지였다. 프톨레마이오스의 지구 중심설이 등장하고 코

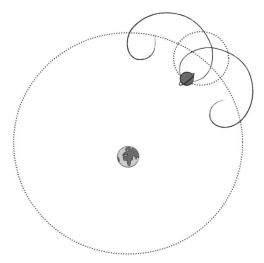

프톨레마이오스의 가설에 따르면 행성들의 궤도는 2가지 움직임이 함께 일어난 결과다.
즉, 지구를 중심으로 큰 원(이심원)을 따라 작은 원(주전원)이 자전하면서 궤도가 그려진다.

페르니쿠스가 태양 중심설을 제기한 이후 태양 중심설이 수용되는 과정에서 수많은 물리학자 세대가 여러 관찰과 이론을 축척해 왔다. 놀랍게도 수세기 동안 가장 설득력 있다고 여겼던 가설은 코페르니쿠스의 가설이 아니었다.

2세기, 프톨레마이오스는 지금까지 내려오는 가장 오래된 천문학 서적『알마게스트』에서 우주 모형을 제시했다. 그는 지구가 둥글고 움직이지 않으며 우주의 중심에 있다고 설명했다. 지구를 중심으로 달, 태양뿐만 아니라 수성, 금성, 화성, 목성, 토성의 5개 행성(또는 '떠돌이별')이 돌고 있으며, 다른 모든 별은 토성 너머의 궤도에 있다는 주장이었다. 특히 행성들을 '떠돌이별'이라 불렀는데, 천공에서 고정된 것처럼 보이는 별들 중에서도 움직이는 것처럼 보였기 때문이다. 이따금 화성과 같은 행성들은 다시 움직이기 전에 뒤로 가는 것처럼 보이기까지 했다(이를 역행이라 부른다). 이러한 움직임들을 분석하기 위해서 프톨레마이오스는 행성들이 단순히 원을 그리는 게 아닌 어느 일정한 크기의 원운동과 함께 다른 일정한 크기의 원운동이 일어나면서 궤도를 그리는 것이라 설명했다. 이것이 바로 주전원에 대한 이야기다. 지구 중심설은 5개의 행성들이 가상의 중심을 두고 주위를 돌고 있으며, 이 중심 역시 지구에서 조금 떨어진 점의 주위를 돌고 있다는 주장이다. 이후, 지구 중심설은 많은 천문학자들에 의해 수정되었으며 16세기까지 식(eclipse)의 정확한 예측과 별들의 움직임을 예측하는 기반이 되었다.

코페르니쿠스는 1543년 사망 직전에 자신의 목숨을 건 연구를 발표했다. 『천구의 회전에 관하여』라는 책이었다. 이 책에서 그는 태양 중심설을 옹호했다. 태양이 우주의 중심이며 수성, 금성, 지구, 화성, 목성, 토성이 태양 주위를 공전하고, 달은 자전하며 지구 주위를 공전하고, 더 멀리에 있는 다른 별들은 움직이지 않는다고 말했다. 그리고 수성과 금성('내행성'으로써)이 늘 태양에 가까이 있는 이유와 가장 멀리 떨어진 행성들의 공전 주기가 더 긴 이유를 설명했다. 그럼에도 불구하고 완벽하게 원형 궤도를 유지했던 일부 행성들에게서 관찰되는 역행을 설명해야 했던 탓에 프톨레마이오스의 주전원 가설이 버림받지 않았다. 그런데 태양 중심설은 이미 기원전 2세기 아리스타르코스가 내세웠던 주장이었기에 코페르니쿠스가 살던 시대에는 새로운 가설이 아니었다. 그렇지만 17세기 초 코페르니쿠스의 연구를 믿었던 천문학자들은 극소수에 불과했다. 오히려 코페르니쿠스의 관점과 반대되는 근거들이 수두룩했다.

첫 번째 이유는 신학적 논거들이다. 성경에 따르면 태양은 세상의 중심이 될 수 없는데, 이러한 이유로 1632년 코페르니쿠스의 주장을 옹호한 갈릴레이 갈릴레오는 이단죄를 선고받았다.

다른 주요 반대 논거들은 더 이성적이었다. 코페르니쿠스의 주장을 비방하는 사람들은 지구가 태양 주위를 돈다면 우리가 이 움직임을 분출력처럼 물리적 현상으로 느껴야 하지 않느냐고 반문했다. 그런데 어느 누구도 이런 현상을 측정하는 데 성공하지 못했으므로 지구는 움직이지 않는다는 결론에 머물렀다. 이와 같은 이의 제기에 답하기 위해서 갈릴레이 갈릴레오는 상대성 원리를 내놓았다. 영화「아고라」에서 히파티아는 갈릴레오의 상대성 원리를 증명했다. 이 장면은 히파티아를 1200여 년 후를 예언하는 사람으로 만들었다! 갈릴레이가 제안한 실험은 다음과 같다. 한 남성이 배의 돛대 꼭대기에 일정한 속도로 올라간 다음, 꼭대기에서 모래주머니를 떨어뜨린다. 모래주머니는 어디로 떨어졌을까? 모래주머니가 떨어지면서 뒤쪽으로 빗나갈 것이라 예상할 수도 있다. 전혀 그렇지 않았다. 모래주머니는 돛대 바로 아래에 떨어졌다. 모래주머니 실험은 배가 이동하든 정지하든 간에 항상 같은 결과가 나온다. 더 일반화하여 설명하면, 갈릴레이의 상대성 원리는 우리가 어떤 체계 안에 있을 때 그 체계의 이동을 측정할 수 없다고 설명했다. 그래서 지구가 자전하고 태양 주위를 공전하더라도 이러한 움직임을 우리가 감지할 수 없다는 것이다. 그러나 갈릴레이의 논거는 틀렸다. 그의 상대성 원리는 일정한 직선 운동에서만 적용되며, 자전하는 지구의 경우는 아니다. 이러한 회전 효과는 19세기 프랑스 수학자 귀스타브 코리올리에 의해 증명되었다. 그는 오늘날 자신의 이름이 붙여진 회전 효과에 대해 기술했다. 무엇보다 이 코리올리 '힘'을 토대로 대기와 해류의 움직임을 광범위하게 설명할 수 있었다.

코페르니쿠스 주장에 대한 두 번째 반대 논거는 별의 시차와 관련이 있다. 관찰자의 이동에 따라 관찰이 영향을 받는 현상을 '시차(parallax)'라고 부른다. 간단한 실험을 통해서 이를 이해할 수 있다. 한쪽 눈을 감고 엄지손가락을 멀리 있는 물체와 나란히 놓는다. 그런 다음 반대쪽 눈으로 보면 엄지손가락과 물체가 나란하지 않다. 이 시차는 더 광범위하게 적용된다. 가령 코페르니쿠스의 설명대로 지구가 움직이지 않는 게 아니라면 시차로 인해 멀리 있는 별들을 다양한 각도에서 관찰될 것이다. 따라서 눈으로 보는 별들 사이의 거리는 1년 동안 바뀌게 된다. 안타깝게도 당시 어떤 관측도 이런 변화를 증명하지 못했다(1838년에 와서야 프리드리히 베셀의 연구가 세상에 나온다). 그렇다면 지구가 태양 주위를 공전한다고 하더라도 연주시차가 없다는 것은 모든 별들이 적어도 지구-토성 거리 1,000배에 맞먹는 거리만큼 지구로부터 멀리 떨어져 있다는 얘기다.[14] 당시 이런 거리는 생각할 수 없었기에 많은 학자들이 주저했다. 심지어 코페르니쿠스 이론의 옹호자들조차 이렇게 어마어마하게 먼 거리를 창조주 신의 전능으로 설명하려 했다. 유신론자의 논거는 지구 중심설에 매료된 사람들에게만 통하는 게 아니었던 것이다.

또 다른 논거는 일부 학자들의 심기를 건드렸는데, 그건 코페르니쿠스가 지구의 움직임에 대한 설명을 내놓지 않았기 때문이다. 다른 별들의 움직임은 별들을 구성하는 성분으로 설명됐다. 즉, '극도로 가벼운' 물질이 원운동을 하도록 별들을 밀어낸다는 것이다. 그렇지만 어떤 기적으로 지구만큼이나 무거운 돌덩이가 태양 주위를 움직일 수 있었을까?

마지막으로 코페르니쿠스의 태양 중심설은 문제를 해결하기는커녕 해결된 문제들보다 더 많은 질문을 일으켰기 때문에 당시 과학계로부터 배척당하게 되었다. 1588년 덴마크 천문학자 튀코 브라헤는 태양 중심설과 지구 중심설을 섞어 달과 태양만이 지구 주위를 돌고 다른 행성들은 모두 태양 주위를 돌고 있다는 가설로 다듬어 내놓았다. 가설을 입증하기 위해서 튀코 브라헤는 당시 최고의 망원경으로 별들을 꼼꼼하게 관찰하는 방대한 연구 계획을 세웠다. 그는 연구 자료들이 자신의 이론을 증명해 줄 것이라 믿어 의심치 않았을 테지만, 오히려 뜻밖의 쾌거를 거두는 데 도움을 줬다. 그의 연구 자료 덕분에 브라헤의 조수였던 요하네스 케플러가 1609년 행성들의 궤도가 원이 아닌 타원형이라는 것을 밝혀냈던 것이다. 그리고 마침내 1687년 뉴턴이 운동 법칙과 만유인력의 법칙을 발표했다. 뉴턴의 2가지 법칙은 지구가 엄청나게 무거운데도 불구하고 어떻게 이동하는지 설명하며 행성들의 궤도를 계산하기 위한 모든 이론적 토대를 제공했다. 이 날부터 지구 중심설 이론들은 더 이상 지지를 받지 못했다. 태양은 태양계의 중심이며, 모든 행성들이 타원형 궤도를 따라 태양 주위를 돌고 있다.

타원

> **히파티아:** "그렇다면 우리가 우주를 있는 그대로 바라본다면 어떨까? 지금 이 순간 모든 선입견을 버리고. 우리가 보기에 우주는 어떤 모양이지? 어떤 형태?"
>
> **아스파시우스:** "선생님께서 모든 문제는 태양에서 보이는 모순들에 있다고 말씀하셨어요."
>
> **히파티아:** "그렇지, 그거야. 내가 말했던 게 그렇지. 지금 이 생각을 다시 정리해 보자."
>
> **아스파시우스:** "우리 지구가 태양 주위를 공전한다면 태양은 중심에 있어야 해요. 그렇지만 동시에 태양은 다른 위치에 있어요. 거리가 변하기 때문이죠."
>
> **히파티아:** "맞아. 정확해."
>
> **아스파시우스:** "어떻게 동시에 두 자리를 차지하게 됐을까요?"
>
> **히파티아:** "어떻게 두 자리를 동시에 차지한다? 어떻게 두 자리를 동시에 차지한다? 어떻게 두 자리를 동시에 차지한다? 오… 아스파시우스!"

영화에서 히파티아는 자신의 노예와 함께 토론을 벌이던 중 지구 중심설에 대한 몇 가지 간단한 고찰 덕분에 행성들의 궤도 형태를 발견한다. 그녀는 원의 특성이 관찰 결과와 '맞지' 않는다는 것을 확인했다. 실제로 특정한 점, 즉 중심으로부터 떨어진 일정 거리에 위치한 점들의 집합을 원이라고 정의한다(참고로 이 정의를 통해서 콤파스를 사용해 그린 원이 증명된다). 천문학자가 보기에 만약 지구가 태양의 주위를 완벽한 원형 궤도를 그리며 돈다면 두 행성 사이의 거리가 1년 내내 일정해야 할 것이라는 의미다. 하지만 태양은 연중보다 연말에 우리 지구와 더 가까워지기[15] 때문에 거리가 항상 같지 않다. 만약 지구가 원형 궤도로 도는 것이라면 태양은 정확한 중심이 될 수 없을 것이다.

히파티아가 궤도의 반지름이 일정해야 한다는 논리에 맞춰 이런 관찰을 정리하던 중 타원의 '두 초점' 정의라 부르는 결론에 도달한다. 원과 다르게 타원은 중심이 단 1개가 아니다. 초점이라 부르는 중심이 2개가 있다. 그래서 타원은 2개의 초점에서 잰 거리의 합이 일정한 점들의 집합으로 정의된다. 이러한 설명을 바탕으로 모래 위에 타원을 그리기 위한 '정원사의 방법'이 만들어졌고, 영화에서 히파티아가 이 방법을 사용하기도 했다. 방법은 매우 간단하다. 모래위에 말뚝 2개를 박고, 이 두 말뚝이 떨어진 거리보다 더 긴 탄력 없는 끈으로 두 말뚝을 연결한다. 그리고 끈을 팽팽하게 유지하면서 끈을 따라 막대기를 움직이면서 타원을 그린다. 이 두 말뚝이 타원의 두 초점이며, 끈의 길이가 일정한 값을 나타낸다.

영화 시나리오 작가들은 히파티아가 이러한 고찰을 통해서 태양주위를 도는 지구의 궤도가 타원이라는 사실을 발견했을 수도 있다고 생각했다. 이러한 가설이 완전히 배제될 수 없지만, 그래도 거의

히파티아가 정원사의 방법으로 타원을 그리고 있다.

일어날 수 없는 일이다. 13세기가 흘러 이와 같은 결론에 도달하기 위해서 요하네스 케플러는 엄청난 양의 연구를 거쳤다. 6년 동안 케플러는 튀코 브라헤가 계산했던 화성의 위치 값들을 연구했고, 상당한 양의 자료들을 살펴봤다. 하지만 히파티아는 자신의 이름으로 어떤 문서도 남기지 않았기 때문에, 그 어느 것도 히파티아가 행성들이 타원형 궤도를 그린다고 생각한 인류 최초의 여성이었을지도 모른다는 우리의 상상과 공상을 증명해 줄 수는 없다.

ROBIN WILLIAMS   MATT DAMON

GOOD WILL HUNTING

BEN AFFLECK   MINNIE DRIVER   STELLAN SKARSGÅRD

구스 반 산트 감독의 「굿 윌 헌팅(1997년)」
출연: 맷 데이먼, 로빈 윌리엄스, 스텔란 스카스가드, 미니 드라이버 등

20대 청년 윌 헌팅은 부모가 없다. 건방지긴 하지만 머리는 매우 좋아서, 경제, 법, 역사를 독학했을 뿐만 아니라 특히 수학에 뛰어난 실력을 보인다. 그는 미국에서도 명문대로 손꼽히는 매사추세츠 공과대학교(MIT)에서 청소부로 일하고 있었는데, 이름을 숨긴 채 엄청나게 어려운 문제들을 푼 이후 제럴드 램보 교수의 눈에 띄게 된다. 램보 교수는 세계적으로 유명한 수학자로서 과거 필즈상을 수상하기까지 한 인물이다. 마침 윌 헌팅은 경찰에게 폭력을 행사한 죄로 징역형을 받을 위치에 놓인다. 램보 교수가 판사와 합의한 덕택에 윌 헌팅은 심리학자에게 상담을 받는 조건부로 풀려나는데, 그 심리학자는 램보의 오랜 친구 션 매과이어였다. 그와의 상담은 여느 상담과는 달랐다. 션의 응원을 받으며 윌은 주변 사람들을 신뢰하는 법을 배워 나간다.

필즈상을 받으려면 좋은 심리 상담을 받아야 할까?

「굿 윌 헌팅(Good Will Hunting)」은 힘든 유년기를 보낸 수학 천재 윌의 삶을 그린 영화로 실존 인물이 아닌 허구적 인물이다. 감독 구스 반 산트가 연출했고, 맷 데이먼과 벤 애플렉이 함께 시나리오를 썼다. 프랑스에서만 100만여 명의 관객을 끌어모았고, 미국 박스 오피스에서 2억 2500만 달러의 수익을 기록했으며 미국 아카데미 시상식에서 2개의 상을 받았다(각본상과 로빈 윌리엄스가 받은 남우조연상).

영화 초반을 비롯해 전반적으로 수학은 윌이라는 등장인물을 통해서 보여진다. 영화에서는 수학계의 진짜 천재가 제법 자연스럽게 언급되기도 하는데, 이를테면 인도 수학자 스리니바사 라마누잔이나 수학자였던 테러리스트 테드 카진스키(그의 삶과 테러리스트 혐의로 체포되기까지 이야기는 1996년 TV 시리즈 「맨 헌트: 유나바머」의 모티브가 되었다)가 등장인물들의 대화에 나온다. 하지만 주요 줄거리는 월과 그를 상담해 주는 심리학 교수 선과의 관계 위주로 전개된다.

영화 제작 과정에서 많은 과학자들이 도움을 주었다. 입자물리학 전문가이자 토론토 대학교 물리학 교수 패트릭 오도넬이 주요한 일을 맡았다. 그는 영화에서 보이는 모든 공식들을 썼으며, 작은 역할로 영화에 잠깐 등장하기도 했다. 「굿 윌 헌팅」에서 수학 자문을 한 사람이 또 있다. 시나리오를 쓰는 과정에서 맷 데이먼과 벤 에플렉은 대사들이 신뢰할 수 있는 수준인지 확인하기 위해서 MIT의 수학 교수 대니얼 클라이트먼에게 도움을 청했다. 대니얼 클라이트먼 교수도 영화 속 한 장면에서 살짝 등장하기 때문에 카메오로 출연했다고 할 수 있다. 그리고 영화 크레딧에서 또 다른 유명인의 이름을 찾을 수 있는데, 바로 1979년 노벨 물리학상 수상자인 셸던 글래쇼다. 시나리오 초안 단계에서 윌 헌팅은 수학이 아닌 물리학 천재

영화 시작 장면에서 파르스발의 정리에 대해 수업하고 있는 제럴드 램보 교수.
필즈상 수상자라는 설정이다.

로 설정되었다. 하지만 셸던 글래쇼의 조언에 따라 두 시나리오 작가들은 생각을 바꿨다. 마지막으로 존 마이턴의 참여도 빼놓을 수 없다. 영화에서 램보 교수의 조교 톰을 연기했던 존 마이턴 역시 수학자다. 그는 시나리오 최종 작업에 참여했다.

노벨상과 필즈상

션: "신사 숙녀 여러분, 여기 지금 이 자리에 천재 수학자, 조합론으로 필즈상을 받은 제럴드 램보 교수가 있습니다."

제럴드: "안녕하세요."

션: "필즈상에 대해 아시는 분 계신가요? 하찮은 상이 아닙니다. 수학계의 노벨상이지요. 단, 필즈상은 4년에 한 번씩 상을 줍니다. 정말 큰 상이고. 엄청난 명예이죠."

스웨덴 화학자 알프레드 노벨(1833~1896년)의 유언에 따라 1901년부터 노벨상은 물리학, 화학, 의학, 문학, 평화 부문에 상을 수여하고 있다. 1968년부터 여섯 번째로 경제학이 추가되었다. 경제학 부문의 경우 공식적으로 노벨상이 아니라 스웨덴 은행에서 수여하는 '노벨을 기념하는' 상이다. 여기에 수학은 빠져 있다. 이와 관련해 알프레드 노벨의 아내가 수학자 예스타 미타그-레플레르와 바람 났기 때문이라는 속설도 있으나 노벨은 결혼한 적이 없기 때문에 이는 낭설에 불과하다. 그리고 게임 이론으로 노벨 경제학상을 받은 수학자들이 몇 명 있는데, 그 가운데 가장 유명한 인물이 뒤에 소개할 영화

「뷰티풀 마인드」의 주인공인 존 내시다.

오늘날 '수학의 노벨상'으로 불리는 상이 2가지 있다. 하나는 수학자의 모든 연구와 업적을 토대로 수상자를 정하는 아벨상이다. 노르웨이 수학자 닐스 아벨(Niels Abel, 1802~1829년)의 이름에서 따온 이 상은 노르웨이 과학 및 문학 학술원에서 2003년부터 해마다 수상자를 발표한다. 또 다른 상은 캐나다 수학자 존 필즈(John Fields, 1863~1932년)가 제안해 만들어진 필즈상이다. 존 필즈는 메달을 14K 금으로 제작할 수 있는 비용을 유산으로 남겼다. 첫 번째 필즈상은 1936년 제10회 세계수학자대회에서 수여되었다. 지금까지 수여된 60개의 메달 중에서 단 1개만이 여성 수학자(2014년 이란 수학자 마리암 미르자하니, 1977~2017년)에게 돌아갔다. 과학자의 연구가 세상에 나오고 한참 지나서야 상을 주는 노벨상과 달리, 필즈상은 유망한 업적을 격려하기 위한 상이다. 그 까닭에 여러 관점에서 노벨상과 다르지만, 그중에서도 필즈상은 4년마다 수여되며 수상자의 나이가 40세를 넘기면 안 된다는 특징이 있다.

프랑스의 법률은, 컴퓨터과학 분야의 인물에게 수여하는 튜링상과 건축 분야의 인물에게 수여하는 프리츠커상, 그리고 아벨상과 필즈상이 노벨상과 동일한 상으로 명시되어 있다. 상금 규모는 조금 다른데 필즈상의 상금은 약 1만 5천 유로인 반면 아벨상의 상금은 74만 5천 유로다.

「굿 윌 헌팅」에 나오는 첫 번째 문제

제럴드: "다음 수업까지 퍼시벌(Perceval) 정리를 끝내도록. 학부생 때 이미 배웠던 학생들이 있겠지만, 복습하는 셈 쳐도 나쁘지 않을 거다. […] 푸리에 공식 관련 문제가 복도 칠판에 적혀 있을 거야. 이번 학기 말까지 이 문제를 푸는 사람이 나오길 바란다. 그 문제를 풀고 내게 확인까지 받는 학생이 여러분 중에 나온다면, 그 학생은 부귀영화를 누리는 길을 걷게 될 거야. 왜냐하면 풀었다는 사실이 알려지고 MIT 테크지에 이름이 올라갈 테니. 앞서 이 문제를 푸는 데 성공한 사람들 중에는 노벨상 수상자와 필즈상 수상자, 유명한 천체물리학자, 별 볼 일 없는 MIT 교수들이 있지."

영화의 첫 장면에 '응용 이론' 수업을 마무리 짓는 제럴드 램보 교수가 등장한다. 이 수업의 이름은 수학 어느 분야와도 관련이 없다. 예리한 관객은 푸리에 이론, 특히나 뒤로 뿌옇게 보이는 칠판에 적힌 증명을 추측해 '파르스발(Parseval) 항등식'에 대한 수업이라는 것을 알아차릴 것이다. 프랑스에서 이 정도 수학 수업은 대학 입학 시험인 바칼로레아를 통과하고 대학 과정을 3년 또는 4년을 밟은 학생들에게 가르친다. 참고로 이 영화에서는 프랑스 수학자 파르스발 데 셴느(Parseval des Chênes, 1755~1836년) ― 원탁의 기사 퍼시벌과 아무런 관련이 없는 인물 ― 에 의해 정리된 항등식을 '퍼시벌(Perceval)' 정리라고 잘못 발음했다. 파르스발의 정리는 주기적인 신호를 분해하여 사인파들의 합으로 표현하는 수학 영역인 푸리에 분석에서 빼놓을 수 없는 정리 중 하나다. 이 이론이 적용된 유명한 분

제럴드 램보 교수가 학생들에게 내놓은 문제가 왼쪽에 있고, 윌 헌팅이 쓴 풀이가 오른쪽에 있다. 다 작성되지 않은 부분도 있고 3번 문제에서 기호 오류가 있지만 풀이는 대체적으로 정확하다.

야는 오디오 파일 압축이다. 사실, 사람의 귀는 한정된 주파수 범위에서만 민감하게 반응하고, 동시에 발생하는 소리를 인지할 때에는 차폐 효과도 일어난다. 푸리에 분석 덕분에 우리는 사람의 귀에 들리지 않는 이 하찮은 부분을 제거해 음악 파일의 크기를 줄일 수 있다. 예컨대 이 기술은 MP3 파일로 인코딩하는 데 사용된다.

제럴드 램보 교수는 수업이 끝나기 전에 학생들에게 '푸리에 공식 관련 문제'를 푸는 데 도전해 볼 것을 독려했다. 수업에 들어온 학생들이 꽤 수준이 높고 교수가 낸 문제가 어렵다는 말 때문에 우리는 다소 까다로운 문제가 나올 것이라고 예상한다. 문제는 다음과 같다.

다음 아래 그래프 G에 대한 문제의 답을 구하라.

1) 그래프 G의 인접 행렬 A;

2) 길이가 3인 경로의 개수를 제시하는 행렬;

3) 꼭짓점 i에서 꼭짓점 j로 가는 경로의 개수에 대한 생성 함수;

4) 꼭짓점 1에서 꼭짓점 3으로 가는 경로의 개수에 대한 생성 함수.

영화에서 교수가 했던 말처럼 되진 않을 것 같은데, 그 이유를 알아보자. 우선 램보 교수가 낸 문제와 푸리에 분석 사이의 직접적인 관계가 있다는 주장에 대해 의심해야 한다. 사실, 이 문제는 그래프 이론과 조합론으로 분류된다. 조합론은 몇몇 기준에 부합하는 수학적 대상을 세는 방식을 연구하는 수학 분야다. 그래프 이론의 경우, 이름에서 알 수 있듯이 '그래프'를 다루는 수학이다. 여기서 그래프란 변(edge)들에 의해 연결된 꼭짓점들로 이뤄진 추상적인 구조이며, 특히 네트워크를 모델링하기 위해 사용된다.

앞서 제시된 문제에서 1, 2, 3, 4 숫자가 매겨진 꼭짓점 4개로 이뤄진 그래프가 있다. 이 꼭짓점들은 a, b, c, d, d′라고 적힌 변들을 통해서 서로 연결된다. 더 자세히 설명하면, 꼭짓점 1은 2(변 a를 통해)와 4(변 b를 통해)에 연결되고, 꼭짓점 4는 2(변 c를 통해)에 연결되며 꼭짓점 3은 2와(변 d와 변 d′를 통해) 이중으로 연결된다.

첫 번째 문제는 꼭짓점들을 서로 이어 주는 변의 개수를 간추린 이중분할표로써 그래프의 인접 행렬을 묻는 문제다. 이런 문제는 그래프 이론을 알고 있는 고등학교 3학년 수준이다.

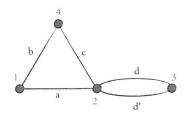

두 번째 문제는 길이가 3인 경로들의 행렬을 묻는 질문이다. 변 3개를 이용하는 그래프상 길을 '길이가 3인 경로'라고 부른다. 예컨대 그래프상 꼭짓점 1에서 꼭짓점 3을 연결하는 길이가 3인 서로 다른 2개의 경로가 있다(경로 bcd와 경로 bcd'). 또한 꼭짓점 1에서 2로 연결하는 경로 7개를 확인할 수 있다(add, add', ad'd, ad'd', acc, bba, aaa). 이렇게 그래프의 꼭짓점들의 모든 쌍에 대해서 '길이가 3인 경로'를 확인해 볼 수 있고, 표의 형태로 결과를 표현해 우리는 2번 문제에 답하는 행렬을 제시할 수 있다. 이와 같은 그래프 이론에 의하면, 이 결과는 인접 행렬을 이용하여 쉽게 계산할 수 있다(세제곱을 해야 한다). 이 문제 역시 수학 수업을 선택해 공부했던 대학 입학시험 통과자라면 풀 수 있다.

물론 더 긴 길이의 경로를 찾는 것도 가능하다. 이를테면, 꼭짓점 1에서 3으로 연결하는 길이가 2이고 길이가 3인 경로가 각각 2개, 길이가 4인 경로 14개, 길이가 5인 경로 18개, 길이가 6인 경로 94개 등등을 찾을 수 있다. 그러면 0, 2, 2, 14, 18, 94···라는 수열을 얻는다. 조합론에서는 '생성 함수'의 형태로 수를 세는 일이 흔하다. 여기서 생성 함수란, 수열을 계수로 갖는 무한 다항식이다. 방금 언급된 예에서 꼭짓점 1에서 3으로 가는 경로 개수의 생성 함수는 아래와 같은 무한 급수가 된다.

$$S = 2x^2 + 2x^3 + 14x^4 + 18x^5 + 94x^6 + \cdots$$

이러한 무한 다항식은 함수의 형태로 더 간단하게 표기될 수 있으며, 이 함수를 바탕으로 질문 3번과 4번에 대한 답을 얻을 수 있다. 더 많은 내용을 상세히 담지 않겠지만, 행렬식과 여인수 행렬을 토대로 계산하면 된다. 난이도에 있어 마지막 두 문제는 앞서 나온 두 문제와 아예 비교할 수조차 없다. 그래프 이론, 조합론을 이해하고 선형대수학의 개념을 잘 다뤄야 한다. 학부생이 누구나 풀 수 있는 문제는 아니지만, 석사 과정 학생이 풀 수 없는 수준은 아니다. 잘 정리된 대수학 교과서에서 이 문제의 답을 쉽게 찾을 수 있을 정도다. 램보 교수가 미래의 필즈상을 발견하기 위해서 제시한 연습 문제는 조금이라도 의욕이 있는 대학생이라면 누구나 답을 찾을 수도 있을 문제이기에 특히나 실망스럽다.

월은 욕실 거울에서 초안을 작성해 본 다음 이 문제를 푸는 데 성공한다. 영화나 드라마 속에 등장하는 수학자들은 칠판이나 연습장처럼 더 평범한 필기장들을 좀처럼 사용하지 않는 모양이다.

「굿 윌 헌팅」에 나오는 두 번째 문제

제럴드: "지금 내가 꿈꾸고 있는 게 아니겠지? 아니면 내 학생들의 수가 정말로 늘어났나? 아니, 착각에 빠지진 않겠다. 여러분이 내가 하는 말을 들으러 이곳에 온 게 아니라는 걸 잘 알고 있다. 베일에 쌓인 수학자의 정체를 알고 싶어서 온 것이겠지. 그럼, 환영 인사는 여기까지만 하고 베일에 쌓인 천재, 나와서 자기소개하고 트로피 받아 가라… 내 강의에 온 사람들을 실망시켜서 정말 유감이지만, 오늘은 정체를 드러내지 않을 것 같군. 하지만 동료 교수들과 얘기를 나눴어. 지금 칠판에 다른 문제가 적혀 있지. 이 문제를 푸는 데 2년 넘게 걸렸어. 자, 공개적으로 선포한다. 결투가 신청되었고 교수진은 그 도전을 받아들였네, 그것도 아주 격렬하게."

제럴드 램보 교수가 MIT 강의실로 들어오는 장면으로 다시 돌아왔다. 첫 번째 문제를 푼 사람이 누군지 정체를 확인하고픈 학생들이 강의실로 모였다. '고윳값'과 '고유벡터'가 관련 방정식들과 함께 칠판에 가득 적혀 있는 것으로 보아 선형대수학 수업이 시작되었다. 선형대수학 수업은 대개 대학 1학년에 듣는 수업으로 이는 영화 속 학생들이 기대하는 수준과 일치하지 않는다.

이 두 번째 수업을 마치면서 램보 교수는 새로운 문제를 내놓는다. 푸는 데만 2년이 넘게 걸렸다는 문제다. 그리고 곧 램보 교수는 몇 분 만에 그 문제를 풀 수 있는 윌을 만나며 놀라게 된다. 첫 번째 문제처럼 조합론과 그래프 이론을 다루는 두 번째 문제는 다음과 같다.

n은 정수다.

1) 번호가 매겨진 꼭짓점 n개를 가지는 트리(tree)는 몇 개인가?
2) 꼭짓점이 10개인 줄일 수 없는(irreducible) 트리를 모두 그려라.

두 번째 문제부터 먼저 검토해 보자. 다음 아래 그림처럼 꼭짓점이 10개인 트리를 살펴보자.

이 문제를 이해하려면 몇 가지 단어 설명이 필요하다. '트리'는 고리(loop)가 하나도 없는 그래프를 일컫는 단어다. 트리에서 끝점에 있는 꼭짓점을 '리프(leaf)', 그 외 다른 꼭짓점들을 '노드(node)'라고 부른다. 주어진 꼭짓점을 만나는 변의 개수를 '차수(degree)'라고 부른다. 트리의 리프는 차수가 1인 꼭짓점들이다. 위 그림에 나온 트리를 보면 차수가 1인 리프 외에도 차수가 4인 노드, 차수가 6인 노드도 있다. 트리에서 차수가 2인 꼭짓점이 하나도 없을 때, '줄일 수 없는' 트리라고 말한다. 2번 문제가 바로 이 경우를 일컫는다. 노드의 차수가 2라면, 아래 그림과 같이, 전체적인 형태를 그만큼 바꾸지 않고 노드를 지우면서 트리를 줄일 수 있다.

이처럼 2번 문제는 꼭짓점이 10개인 줄일 수 없는 트리를 모두

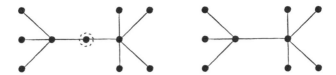

꼭짓점이 10개인 왼쪽의 트리는 줄일 수 있는 트리다.
그 이유는 가운데 노드의 차수가 2이기 때문이다. 중앙 노드를 제거하면 트리는
꼭짓점이 9개로 축소되어 줄일 수 없는 트리가 된다(오른쪽 트리).

그려 내고, 그러한 트리가 총 몇 개인지 묻는 문제다. 이를 세기 위해
서는 꼼꼼하게 트리를 그려야 한다. 우리는 줄어드는 리프의 개수에
따라 가능한 한 모든 경우를 검토해 보려 한다. 만약 트리의 리프가
9개라면, 리프들은 똑같은 노드 1개에 모두 연결된다.

만약 트리의 리프가 8개라면, 노드 2개를 기점으로 리프가 분산
되어야 한다. 예컨대 기점이 되는 노드 중 하나는 리프 3개를, 나머
지 하나는 리프 5개를 받치고 있을 것이라 가정해 볼 수 있다. 이는
결국 3 + 5 분해의 문제다. 예상할 수 있는 분할은 4 + 4, 3 + 5, 2 + 6
이렇게 단 3가지다. 5 + 3과 6 + 2의 경우는 3 + 5, 2 + 6의 경우와 유
사한 트리가 만들어진다.

1+7 또는 7+1의 경우는 차수가 2인 노드가 분명 존재하므로 줄일 수 있는 트리가 된다. 같은 방법을 사용해 우리는 리프가 7개인 줄일 수 없는 트리가 정확하게 4개 존재하며, 리프가 6개인 줄일 수 없는 트리가 2개 존재한다는 것을 확인한다.

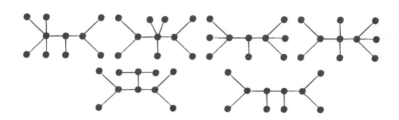

마지막으로 리프가 5개 또는 그 이하인 줄일 수 없는 트리는 존재하지 않음을 증명할 수 있는데, 이를 통해서 문제에서 제시한 조건에 맞는 트리의 개수를 정리할 수 있다. 꼭짓점이 10개인 줄일 수

윌이 램보 교수가 낸 두 번째 문제를 풀고 있다. 윌의 답은 실제로 오류가 있지만, 영화에서는 교수가 참인 답으로 확인한다.

없는 트리는 10개 존재한다. 이 결론에 도달하는 데 2년도 채 안 걸렸다! 그런데 영화에서 윌이 제시한 답에는 트리 2개가 생략되었기 때문에 오류가 있으며, 결국 자신이 트리를 그렸다는 것을 증명하지 못했다.

1번 문제의 경우 더 자세히 들어가지 않고 답을 바로 말하자면 n^{n-2}다. 이 문제는 1860년부터 케일리 공식이라는 이름으로 잘 알려진 정리에 관한 문제이므로 이 답을 도출하는 데 2년이라는 시간을 들여 연구할 필요가 없다. 따라서 램보 교수는 필즈상을 받을 자격이 없다!

영화 시작 15분 후부터 윌은 심리학 교수를 만나 상담을 받고 여자친구가 생기면서 이야기는 대학교 담장을 너머 또 다른 방향으로 간다. 그렇지만 조합론과 그래프 이론에 대한 문제들을 놓고 윌과 램보 교수가 함께 연구하는 몇몇 장면들이 나오기도 한다.

결론적으로 영화 제작 과정에서 참여했던 자문가들이 상당히 많았지만, 화면에 등장하는 방정식들은 영화감독과 시나리오 작가들이 원했던 이야기와는 완전히 다른 이야기를 하고 있다. 램보 교수는 신중한 교수로 소개되었지만 고등학교 3학년 수준의 수학과 바칼로레아 통과 후 대학 과정 4년을 밟은 학생의 수준 사이를 오락가락하는 수학 수업을 했고 또 그런 수준의 문제를 냈으며, 이미 선대 수학자들이 해결했던 문제를 푸는 데 엄청난 시간을 보냈다. 윌은 어려운 문제를 풀었지만, 그보다 더 기본적인 문제에서 실수를 범했다.

빈센조 나탈리 감독의 「큐브(1997년)」
출연: 모리스 딘 윈트, 니콜 드 보어, 앤드루 밀러 등

정육면체 공간들로 이뤄진 거대 미로 안에 경찰관 쿠엔틴, 탈옥의 달인 렌, 의사 할로웨이, 건축가 워스, 수학 전공 대학생 리븐, 암산을 잘하지만 자폐 장애를 가진 카잔 이렇게 여섯 명의 사람들이 갇혔다. 서로 모르는 사이인 그들은 자신들이 그곳에 왜 갇혀 있는지도 모르고 어떻게 그 안에 들어오게 되었는지도 모른다. 목숨을 위협하는 덫이 설치된 방을 피하고 출구를 찾으려면 각자가 가진 능력을 활용해 협력해야 한다.

3차원 공간 탈출 게임에서
어떻게 탈출할까?

1997년 개봉한 영화 「큐브(Cube)」는 캐나다의 빈센조 나탈리 감독이 연출한 영화로 3부작 시리즈 중 첫 번째 편이다. 이후 2002년 안드레이 세큘라 감독의 「큐브 2」가 나왔고, 2004년에는 첫편의 프리퀄 형식으로 어니 바바라쉬 감독의 「큐브 제로」가 개봉했다. 미국 영화 제작사에서는 리메이크 작품 「큐브드(Cubed)」를 찍으려 계획했으나 이 프로젝트는 2016년부터 중단된 듯하다. 큐브 1은 아주 적은 예산으로 만들었지만 무척 좋은 평을 받았다. 특히 프랑스 제라르메르 국제 판타스틱 영화제에서 3개 부문을 수상하기도 했다.

미국 수학자 데이비드 프라비카가 「큐브」와 그 후속작의 자문을 맡았다. 게다가 2003년에 출판된 책 『수학, 예술, 기술 그리고 영화』에서 이 영화에 대한 짧은 글을 썼고, 미로의 기능에 대해 상세히 설명했다. 또한 그는 영화 주인공들이 출구를 어떻게 찾을 수 있는지 파악하는 장면의 대사들을 썼다. 하지만 그가 준비했던 수많은 요소들이 영화에 잘못 옮겨지는 바람에 시나리오와 일치하지 않는 몇 가지 모순이 생겼다.

영화 제작 당시 1차 편집본에서는, 등장인물들이 미로에 대해 추론하는 대화 내용이 부연 설명도 없어 불친절하고 거짓 수학을 늘어놓으며 이해할 수 없는 말들이 가득했던 탓에 보는 사람들이 당황했다고 한다. 미로가 세워진 방식에 대한 설명 역시 충분하지 않았다. 그래서 2차 편집 영상에서 제작진은 영화에서 제공된 모든 정보들을 분석하고 메모하면서 큐브의 규칙들이 일관적이고 등장인물들의 대사가 적절한지 확인했다. 문제는 일부 허술한 연출로 인해 영화에 살짝 흠이 생겼는데, 이는 제작비에 맞춰 찍은 탓이다. 게다가 피할 수도 있었을 여러 작은 오류들이 영화 곳곳에 나온다.

영화 「큐브」의 등장인물들이 정육면체 공간들로 이뤄진 거대한 미로 안에 갇혀 있다.

함정과 소수

영화에서 여섯 명의 인물들이 정육면체 방들로 만들어진 거대한 미로 '큐브' 안에 갇혀 있다. 모든 방은 기하학적 특징이 모두 같다. 크기는 가로, 세로, 높이가 14피트(4.27 m)다. 방마다 6개의 작은 문이 벽, 바닥, 천장의 중앙에 설치되어 있다. 문을 열면 1.5피트(0.45 m) 정도의 통로를 지나 옆 방으로 갈 수 있다.

리븐이 방의 문을 지나가다 문에 새겨진 수를 발견한다.

방 안은 완전히 똑같지 않고 벽의 색이 다르다. 특히 사람이 들어가면 곧바로 목숨을 위협하는 함정이 작동되는 방도 있다. 그리고 각각의 방은 세 자리 정수 3개가 표시되어 있다. 이를테면 등장인물들은 '582 432 865'가 새겨진 오렌지색 방에 들어갔다가 '645 372 649'가 새겨진 흰색 옆 방으로 이동하고, '149 419 568'이 새겨진 함정이 설치된 파란색 옆방으로 들어간다.

0부터 999 사이에서 3개의 수로 구성된 번호판을 바탕으로, 리븐은 함정이 설치된 방들을 찾는 기준을 추측했다.

리븐의 추측

'만약 방의 번호에 소수 1개가 포함되어 있다면, 그 방에는 함정이 설치되어 있다.'

그리고 3개의 숫자 중에서 소수 149가 포함된 파란 방은 함정이 있다는 것이 확인되었다. 반대로 [645 372 649]가 적힌 흰 방은 위험하지 않은 듯해 보인다. 왜냐하면 방에 적힌 3개의 숫자 가운데 소수는 하나도 없기 때문이다. 645는 5의 배수, 372는 2의 배수, 649는 11의 배수다.

만약 크기가 작은 수가 소수인지 아닌지 재빠르게 알아보려면 몇 가지 배수 판정법을 간단하게 적용해 확인해 볼 수 있다.

정수 1개가 있다.

- 정수의 끝자리가 0, 2, 4, 6 또는 8이라면, 그 수는 2의 배수다.
- 각 자리의 합이 3의 배수라면, 그 수는 3의 배수다.
- 끝자리가 0이나 5라면, 그 수는 5의 배수다.
- 홀수 자리에 있는 수들의 합과 짝수 자리에 있는 수들의 합의 차[16]가 11의 배수라면, 그 수는 11의 배수다.

이러한 배수 판정법을 바탕으로 우리는 1000 이하 수의 90%를 소수인지 아닌지 확인할 수 있다. 그래도 의심이 든다면 7, 13, 17, 19, 23, 29, 31로 수들을 나눠 봐야 한다.

안타깝게도 영화에서 등장인물들은 소수가 하나도 적혀 있지 않은 방에 들어갔지만 그곳에 함정이 설치되어 있었다. 하지만 그 방은 리븐이 했던 추측의 반례는 아니다. 왜냐하면 리븐의 추측은 숫자 3개 중에서 1개가 소수일 때만 적용되며 소수가 하나도 없을 경우를 언급하지 않았기 때문이다. 따라서 리븐의 첫 번째 추측은 함정의 존재 여부를 알아내는 데 충분조건을 갖췄지만 필요조건을 갖추지 않았다.

그런 다음 리븐은 함정이 '소수의 거듭제곱을 통해 확인할 수 있다'라고 추측했다. 그리고 그녀는 새로운 가설을 세웠다(나중에 참이라는 것이 밝혀진다).

리븐의 두 번째 추측

'방에 적힌 숫자 3개 중에서 소수 1개 또는 소수의 거듭제곱 1개가 있다면, 그리고 그럴 경우에만, 그 방에는 함정이 설치되어 있다.'

예컨대 방 번호에 숫자 729가 포함되어 있다면 그 방에는 함정이 있다는 결론을 내릴 수 있다. 왜냐하면 729는 3의 거듭제곱($729=3^6$)이기 때문이다.

리븐은 자신의 추측을 확인하기 위해서 동료들의 불만을 무릅쓰고 '천문학적 계산'을 해야 하다고 생각했다. 다행히 카잔이 확인이 필요한 수의 소인수 개수를 아주 빨리 말할 수 있던 덕분에 궁지에서 빠져나올 수 있었다. 가령 567의 소인수 개수는 단 2개다. 왜냐하면 567을 나누는 소수가 3과 7밖에 없기 때문이다. 앞서 나온 숫자 729처럼, 방에 적힌 어떤 숫자가 소수의 거듭제곱일 때, 그 수는 소인수 1개밖에 없으므로 그 방에 함정이 있다는 뜻이다.

모든 사람이 수학 천재라는 운을 가지고 있지 않을 테니 숫자 하나를 예시로 두고 그 방에 함정이 있는지 없는지 연습 삼아 확인해 보자. 어떤 방의 번호에 숫자 189가 포함되어 있다고 상상해 보자.

수들의 합은 $1 + 8 + 9 = 18$로 3의 배수이기에 189가 3의 배수라는 결론을 내릴 수 있다. 그럼 나눗셈을 하면 $189 \div 3 = 63$이라는 값이 나온다. 구구단을 잘 외웠다면 $9 \times 7 = 63$을 떠올릴 것이다. 그런데 $9 = 3 \times 3$이므로 189는 서로 다른 2개의 소수들의 곱으로 표현된다. $189 = 3 \times 3 \times 3 \times 7$. 계산해야 하는 양이 '천문학적'이라 말하는 건 살짝 과장된 표현이다. 왜냐하면 가장 힘든 계산이라 해 봤자 나눗셈 열 번 정도밖에 되지 않기 때문이다.

게다가 등장인물들의 수학 실력이 자주 오락가락한다. 리븐은 확실하지 않은 $649 = 11 \times 59$로의 분해를 암산으로 밝혀냈으나, 645는 5의 배수라는 게 뻔한데도 소수인지 밝혀내는 데 몇 초 동안 고민했다. 그리고 카잔은 자신에게 맡겨진 계산을 해내는 데 여러 차례 실수를 저질렀다. 이러한 오류들은 다행히 등장인물들에게 대수롭지 않은 일이었다. 시나리오 작가들이 이런 오류를 알아차리지 못했기 때문이다!

방들의 위치와 이동

워스: "내 얘기를 잠깐 들어보세요. 여기 이 방 전에 방이 하나 있었어요. 우리가 빙빙 돌고 있던 게 아니라, 여기 이 모든 방들이 돌고 있어요. […] 그래서 방들이 흔들리고 이상한 소리가 들렸던 거예요. 우리는 계속 움직이고 있다고요."

리븐: "아주 일리 있는 말이에요. 제 생각이 짧았어요."

워스: "무슨 생각하는 거예요, 리븐?"

리븐: "잠시만요. 됐어요. 숫자들은 지도에서 위치를 파악하기 위한 점들이에요."

워스: "그래요."

리븐: "그러면 계속 이동하는 점의 위치를 어떻게 알 수 있을까요?"

워스: "순열."

쿠엔틴: "순-뭐라고요?"

리븐: "순열이요. 방이 지나가는 좌표들을 나열하는 거예요. 방들이 어디서 출발하고, 어디를 지나며, 어디로 가는지 보여 주는 지도 같은 거죠."

쿠엔틴: "숫자들이 그 모든 것을 말한다는 건가요?"

리븐: "확실하지 않지만, 제가 딱 한 지점을 파악했는데, 아마도 출발점인 것 같아요. 그 숫자들이 가리키는 게 말이죠. 제가 봤던 건 큐브가 움직이기 전의 모습이에요."

쿠엔틴: "좋아요. 그럼 우리는 큐브가 움직인다는 걸 알고 있어요. 어떻게 여기서 탈출하죠?"

리븐: "27. 출구가 어디 있는지 알겠어요."

영화를 보던 관객들은 미로의 겉모습이 정육면체로 한 변의 길이가 434피트(132.28 m)라는 사실을 알게 된다. 방마다 길이가 통로(1.5피트)를 포함해 14피트이므로 큐브 한 줄마다 28개의 정육면체가 이동하고 있을 가능성이 있다.[17] 큐브의 바깥면에서 미로의 입구까지 방 하나 정도의 폭이 있어서 리븐은 전체 구조가 세로, 높

큐브 한 줄당 26개의 정육면체로 이뤄진 미로를 밖에서 본 모습은 거대하다.

이, 가로마다 26개의 정육면체로 이뤄졌다고 계산했다. 그러면 총 $26 \times 26 \times 26 = 17{,}576$개의 정육면체 방이 있다.

리븐은 큐브의 3차원 공간과 세 자리 숫자 3개가 적힌 방들의 번호 사이의 관계를 알아냈다. 그녀는 방들의 번호가 000과 999 사이이고, 숫자의 각 자릿수를 합한 값은 0과 27 사이라는 사실을 알게 되었다. 큐브 한 줄당 26개의 정육면체가 틈새 없이 완벽하게 붙어 있다. 그래서 리븐은 이 숫자들이 미로에서 방들의 위치를 코드화한 것으로 추측했다. 즉, 3개의 숫자가 정육면체 안에 있는 방들의 직교 좌표 $(x \,;\, y \,;\, z)$인 것이다. 숫자의 자릿수를 더하면 직교 좌표를 얻을 수 있다.

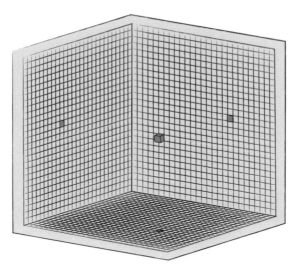

'649, 928, 856' 번호가 새겨진 방은 (19; 19; 19)에 위치한다. 알맞은 방향으로 7개의 방을 지나면 이론상 가장자리에 도착할 수 있다.

리븐의 세 번째 추측

'ABC DEF GHI' 번호가 새겨진 방의 좌표 다음과 같다.

$$x = A + B + C, \ y = D + E + F, \ z = G + H + I$$

예컨대 '649, 928, 856' 번호가 새겨진 방의 위치는 $(6+4+9, 9+2+8, 8+5+6)$으로 즉 (19 ; 19 ; 19)다. 한 줄에 26개의 방이 있으므로 리븐은 자신들이 방 7개를 지나면 가장자리로 갈 수 있을 것이라 유추한다. 예측된 수만큼 방을 이동하면서 등장인물들은 큐브의 바깥면에 도착하게 된다.

그런데 이들의 결론은 약간 성급했다. 정육면체의 가장자리를 찾는 시도를 하기 전에, 이웃해 있는 방들을 살펴보는 게 더 나았을 것이다. 그러면 많은 난관을 피할 수도 있었을 텐데…. 리븐의 가설에 따라 그들이 있는 방의 좌표가 (19 ; 19 ; 19)이므로 인접한 방 4개의 좌표는 각각 (18 ; 19 ; 19), (20; 19 ; 19), (19 ; 18 ; 19), (19 ; 20 ; 19)이어야 한다. 그런데 인접한 방 중에서 하나는 번호가 '517, 487, 565'로 좌표가 (13; 19; 16)이다. 직교 좌표로 보면, 그 방은 인접한 방이 아니다. 리븐은 무언가 이상하다고 의심했어야 했다!

등장인물들은 큐브의 가장자리에서 이미 들어갔다 탈출했던 '665 972 545' 번호가 새겨진 오렌지 방을 발견하면서 자신들의 오류를 알아차렸다. 그런데 오렌지 방의 번호는 영화 초반에 언급되었던 번호가 아니었는데도 같은 공간이라 말해 이 역시 영화에서 계속 등장하는 오류다. 그렇게 등장인물들은 방들이 이동하고 있다는 결론을 내린다. 워스와 리븐의 대화에 따르면 방들의 움직임을 예측하기 위해서 '순열'을 공부해야 한다. 등장인물들이 이해한 내용은 숫자들의 각 자릿수를 더해 나온 방들의 좌표는 정육면체 방이 움직이기 전 처음 위치에 해당한다는 것이었다. 방들이 움직이는 방식을 파악하기 위해서 리븐은 숫자의 각 자릿수를 2개씩 뺄셈해야 한다는 것을 직감했다(참고로 프랑스 더빙판에서는 수들을 나눠야 한다고 말하지만 '나누지' 않는다).

등장인물들이 두 번이나 들어갔던 '665 972 545' 번호의 오렌지 방을 예를 삼아 계산하면 다음과 같다. 맨 처음 위치는 (6 + 6 + 5 ; 9 + 7 + 2 ; 5 + 4 + 5) = (17 ; 18 ; 14)다. 이 방의 경로를 파악하려면 3개의 숫자마다 각 자릿수를 2개씩 연이어 뺄셈하면 된다.

x축: $6-6=0, 6-5=1, 5-6=-1$.

y축: $9-7=2, 7-2=5, 2-9=-7$.

z축: $5-4=1, 4-5=-1, 5-5=0$.

이 방은 x, y, z축을 번갈아 가며 순환 방식으로 아홉 번 이동할 것이다. 먼저 x좌표에 따라 0(이동 '없음'을 의미), y좌표에 따라 2칸, z좌표에 따라 1칸 이동한 다음, x좌표에 따라 1칸, y좌표에 따라 5칸, z좌표에 따라 -1칸 이동하고, x좌표에 따라 -1칸, y좌표에 따라 -7칸, z좌표에 따라 0칸(다시 이동 '없음') 순으로 움직인다.

그러면 방의 경로는 다음과 같다(출발과 도착 좌표에 밑줄 표시, 이미 갔던 적이 있는 좌표는 이탤릭체).

<u>(17 ; 18 ; 14)</u> → *(17 ; 18 ; 14)* → (17 ; 20 ; 14) → (17 ; 20 ; 15)

→ (18 ; 20 ; 15) → (18 ; 25 ; 15) → (18 ; 25 ; 14)

→ **(17 ; 25 ; 14)** → *(17 ; 18 ; 14)* → <u>(17 ; 18 ; 14)</u>

이 경로는 오렌지 방이 출발 위치에서 아홉 번의 이동 후 처음 자리로 되돌아오기 때문에 순환 경로이며, 큐브 안에서 위치가 연이어 일곱 번 바뀐다. 영화에서 리븐의 계산처럼, 처음 자리에서 출발해 일곱 번 이동한 오렌지 방은 (17, 25, 14) 자리에 온다. 이 위치를 파악하기 위해서 리븐은 인접한 방 2개의 위치를 검토했다. 같은 방식을 적용해 리븐은 두 방들의 경로를 확인할 수 있었다. 이를테면, '666, 897, 466' 번호의 방은 위치가 다섯 번 바뀐다.

$$(\underline{18\ ;\ 24\ ;\ 16}) \rightarrow (\mathit{18\ ;\ 24\ ;\ 16}) \rightarrow (18\ ;\ 23\ ;\ 16) \rightarrow (18\ ;\ 23\ ;\ 14)$$

$$\rightarrow (\mathit{18\ ;\ 23\ ;\ 14}) \rightarrow (\mathbf{18\ ;\ 25\ ;\ 14}) \rightarrow (\mathit{18\ ;\ 25\ ;\ 14})$$

$$\rightarrow (\mathit{18\ ;\ 25\ ;\ 14}) \rightarrow (18\ ;\ 24\ ;\ 14) \rightarrow (\underline{18\ ;\ 24\ ;\ 16})$$

맞은 편에 있는 '567 898 545' 번호가 새겨진 방은 일곱 번 바뀐다.

$$(\underline{18\ ;\ 25\ ;\ 14}) \rightarrow (17\ ;\ 25\ ;\ 14) \rightarrow (17\ ;\ 24\ ;\ 14) \rightarrow (17\ ;\ 24\ ;\ 15)$$

$$\rightarrow (16\ ;\ 24\ ;\ 15) \rightarrow (16\ ;\ 25\ ;\ 15) \rightarrow (\mathbf{16\ ;\ 25\ ;\ 14})$$

$$\rightarrow (\mathit{18\ ;\ 25\ ;\ 14}) \rightarrow (\mathit{18\ ;\ 25\ ;\ 14}) \rightarrow (\underline{18\ ;\ 23\ ;\ 14})$$

방 3개가 일렬로 나란히 놓이는 경우는 딱 한 번(위에 볼드체로 표시)밖에 없어 리븐이 직감했던 대로 방들이 움직인다는 가설이 참임을 보여 준다. 하지만 방들이 동시에 이동하지 않는다는 것을 받아들여야 했다.

그런데 여기에는 논리적 문제가 여러 개 있다. 방 3개가 일렬로 놓일 때 y좌표는 26이 아닌 25이므로 이 방들이 큐브의 가장자리에서 나열된 상태라는 사실과 모순된다. 또 다른 불협화음은 이웃한 세 번째 방의 번호 '656 778 462'인데, 경로가 확인된 위치에 따라 움직이지 않는다. 영화 작업에 참여했던 수학자의 사전 제작 노트에 적힌 내용에 따르면 이 번호는 애초 예정된 번호가 아니었다고 한다. 영화 초반에 봤던 일렬로 놓인 오렌지색, 흰색, 파란색 방들에 같은 추론을 적용한다면 이 3개의 방은 절대 서로 만나지 않는다는 사실을 알게 된다. 이런 점을 보면 영화는 일관성이 없다.

큐브 내부에서 정확한 위치를 확인한 다음 주인공들은 27이라는 좌표 값을 가진 공간으로 서둘러 가야 한다는 결론에 도달한다. 이미 그들이 지나왔던 그 방은 큐브의 바깥과 연결된 유일한 공간이다. 주인공들도 바깥으로 가는 관문이라는 것을 알아차렸다. 바로 이 장면에서 방들의 이동과 관련된 수학이 정말 앞뒤가 맞지 않는다. 가로 좌표 x가 27이라면, 그 좌표는 999라는 수로만 코드화될 수밖에 없다. 이 경우 x축에서 움직임이 $9-9=0$, $9-9=0$ 그리고 $9-9=0$일 것이다. 방은 x축에서 전혀 움직이지 않는 데다가 $x=27$인 평면도에서만 움직이므로 큐브의 외측에 위치한다. 따라서 외부와 연결되는 이 방은 큐브의 내부에 있을 수 없기에 등장인물들이 우연히 그 방을 통과했던 건 완전히 비논리적이다. 이 영화를 구하려면 규칙들이 이 특별한 방에 더는 적용되지 않는다고 말해야 한다.

　　3편 「큐브 제로」는 「큐브」의 프리퀄 영화로 앞서 두 시리즈에서 제기된 몇몇 문제에 대한 답을 제시하려 했다. 시나리오는 1편과 같이 서로 모르는 사람들이 정육면체 방에 갇혀 함정을 피하며 탈출하는 이야기이다. 3편에서는 실험을 감시하는 임무를 맡은 기술자들의 모습을 보여 주며 큐브 바깥에서 무슨 일이 벌어지는지도 이야기한다. 관객들은 1편에서 봤던 메탈의 아름다움을 다시 볼 수 있지만 방들의 디자인은 변경되었다. 큐브 규칙에서 크게 다른 점은 방들의 위치를 파악하는 방법에 있다. 세 자리로 이뤄진 3개의 숫자가 아닌 문자 3개의 단순 나열이다. 라틴어는 26개의 문자가 있는데

이를 바탕으로 3편의 주인공들은 각각의 암호가 단 하나밖에 없다면 미로는 1편처럼 한 줄에 26개의 방으로 이루어진 정육면체라고 추측할 수 있다. 함정의 존재 여부를 예측하기 위해서 암호를 구성하는 문자들이 홀수 번째인지 짝수 번째인지 봐야 하는 것 같다. 문자 3개가 알파벳 순서에서 홀수 번째라면, 방에 함정이 없다. 예컨대 'M A Q'의 방은 정말 안전하다. 주인공들은 이 규칙을 가까스로 알아차린데다가 함정이 있는 'S O S'의 방이 예로 제시되면서 규칙들은 곧바로 케케묵은 고전이 되어 버린다. 관객들(또는 등장인물들)이 방들의 이동을 파악할 수 있는 어떤 단서조차 없었다. 영화 중반에는 암호들이 방에서 사라지는데, 이는 관객에게 수학적으로 검토할 게 하나도 없다는 것을 알리는 방식이었다. 「큐브 제로」의 시나리오는 방에 갇힌 등장인물들의 운명에는 그다지 관심이 없고, 오히려 큐브를 감시하는 사람들의 도덕적 딜레마와 권력에 순종해야 하는가에 대한 고민을 탐구한다.

안드레이 세쿨라 감독의 「큐브 2: 하이퍼큐브(2003년)」
출연: 카리 매쳇, 그레이스 린 쿵, 닐 크론 등

모두 똑같이 생긴 정육면체 방들로 만들어진 미로 안에서 일곱 명의 사람들이 깨어났다. 정신과 의사 케이트, 엔지니어 제리, 시각 장애를 가진 대학생 샤샤, 은퇴한 수학자 페일리 부인, 경영 컨설턴트 사이먼, 게임 개발자 맥스, 변호사 줄리아. 이 일곱 명이 갇힌 방은 시공간의 기본 규칙을 벗어난 다른 법칙에 따라 작동한다. 방에서 탈출하려면 이들은 힘을 합쳐 이 초입방체(hypercube)에 적용된 규칙을 모두 알아내야 한다.

초차원 공간 탈출 게임에서
어떻게 탈출할까?

폴란드 감독 안드레이 세큘라는 「큐브 2: 하이퍼큐브」를 찍기 전에
촬영 감독이었는데, 쿠엔틴 타란티노 감독의 영화 「저수지의 개들
(1992년)」, 「펄프 픽션(1994년)」을 작업했던 이력이 있다. 「큐브」 3부
작 중 1편에서 작업했던 수학자 데이비드 프라비카가 2편에도 참여
했는데, 이번에는 오프닝 크레딧에 나오는 공식 몇 가지를 작업하는
정도였다. 「큐브 2」에 나오는 기하학 모형은 시각 예술과 수학을 전
공한 시나리오 작가 션 후드의 결과물이다. 그러나 그는 대본 초고
만 썼고, 이후 프로듀서 어니 바바라쉬가 대폭 수정했다.

　「큐브」 3부작의 2편은 1편의 줄거리를 다시 가져와 재해석됐는
데, 메탈 소재의 배경이 더 정제된 빛의 분위기를 낸다. 미로의 주요
작동 원리도 수정되어 1편처럼 방에 번호가 매겨져 있지 않으므로,
방의 이동 규칙, 함정 판별 등과 같은 1편의 내용은 모두 잊어버려

야 한다. 그러나 평행 우주의 존재나 순간 이동의 가능성을 제쳐두
더라도, 모든 방에 중력과 시간이 반드시 똑같지 않다는 설정을 보
면 논리에 맞는 게 하나도 없다. 이런 현상들을 설명해 주는 것은 단
순한 언급만으로도 모든 판타지가 용인되는 '양자물리학'과 '4차원'
같은 영화 시나리오의 클리셰들이다.

결국 이 영화에는 수학이 존재하지만 그 쓰임이 엄연히 다르다.
1편은 논리적이고 이성적인 수학의 모습을 보여 줬다. 정육면체를
다룰 때 일관성도 보였기에 등장인물들이 미로에서 탈출할 수 있는
규칙이 있다고 믿을 수 있었다. 하지만 정작 2편에서는 수학이 추상
적인 면만 부각되어 미스터리한 분위기를 만들면서 상상을 뒷받침
해 주는 역할을 하고 있다.

4차원도 양자물리학도 방이 스스로 '돌고 있다'는 이 장면을 설명할 수 없다.

4차원

케이트: "뭐 하고 있어요?"

제리: "방에 번호를 매겨요."

케이트: "그럼, 여긴 당신이 네 번째로 온 곳이군요."

제리: "네."

케이트: "그런데 아까 당신이 몇 시간째 걷고 있다고 했잖아요."

제리: "그렇죠. 그게 이상해요. 맞아요. 방마다 슬라이딩 도어가 6개 있는데, 지나온 문이 무엇이든 계속 똑같은 3개의 방에 와 있어요. 지금까지도."

케이트: "꼭 방들이 움직이는 것 같군요."

제리: "맞아요, 그거예요. 그런데 우리는 방의 움직임을 느끼지 못하고 있을 뿐이에요. 당신은 느껴지나요?"

케이트: "아니요. 그게 이상하네요."

등장인물들이 갇힌 미로는 모두 똑같은 정육면체 방들로 이뤄져 있다. 방마다 여섯 벽면에 이웃 방으로 들어가는 슬라이딩 도어 6개가 있다. 여기까지는 새로운 게 없다. 미로의 구조를 이상하게 만드는 건 가장자리가 전혀 없다는 점이다. 물론 미로에는 한정된 개수의 방만 있어 공간이 무한대는 아니다. 등장인물들이 같은 방향으로 계속 전진해도 결국 앞서 들어온 적이 있는 방으로 되돌아오기 때문에 미로에서 탈출하기란 불가능하고, 방들은 모두 서로 연결된 듯 보인다. 그러나 등장인물들이 4차원 정육면체인 초입방체의 면들에 갇혀 있다고 생각하면 이 현상을 이해할 수 있다.

구체적으로 4차원의 정육면체는 어떤 걸까? 이를 이해하기 위해서 4차원이라는 개념의 이면에 수학적으로 무엇이 숨어 있는지 함께 살펴보자. 어떤 공간에서의 차원은 그 공간에 있는 사람이 움직일 수 있는 수직(또는 '독립적인') 방향의 개수다. 이를테면 비디오 게임에 처음 등장한 마리오를 생각해 보자. 비디오 게임 '슈퍼 마리오'에서 주인공 마리오는 화면에서 왼쪽이나 오른쪽으로 이동할 수 있고, 플랫폼을 이용해 위로 올라가거나 아래로 내려갈 수 있다. 이렇듯 마리오는 수평 방향(왼쪽/오른쪽)과 수직 방향(위/아래)이라는 2개의 직선 방향에 따라 이동할 수 있다. 1980년대 이 게임에서 마리오의 세상은 2차원 공간이었다. 우리 인류는 영화 속 등장인물들처럼 3차원 공간에서 살고 있다. 3가지 수직 방향(위/아래, 왼쪽/오른쪽, 앞/뒤)에 따라 우리는 이동할 수 있다.

4차원에 접근하려면 여기 3가지 방향에 네 번째 수직 방향을 더 추가해야 한다. 4차원에 접근하는 첫 번째 방법은 네 번째 차원이 시간이라고 생각하는 것이다. 이 차원에서는 우리가 과거에서 미래를 향해 동일한 방향으로, 매 초마다 동일한 속도로 항상 이동한다. 그래서 '시공간의 4차원'이라 말한다. 시간 여행을 소재로 하는 수많은 작품들이 이 4차원이라는 명칭을 이용했다. 예를 들면, 로버트 저메키스 감독의 영화 「백 투 더 퓨처 3(1990년)」에서 박사가 마티에게 '4차원으로 생각해 봐'라고 말하는 장면이 있다.

두 번째 방법은 완전히 추상적인 관점에서 다차원 공간을 생각하는 것이다. 수온과 유량을 조절할 수 있는 수도꼭지를 예로 들어 보겠다. 수학자의 입장에서 상상할 수 있는 물의 흐름은 독립적 방향이 유량(다소 세게)과 수온(다소 높게)으로 이뤄진 2차원 공간이다. 그렇게 보면 4차원 공간(또는 더 높은 차원의 공간)의 예를 쉽게 찾을 수 있는데, 이를테면 불 세기가 독립적으로 4단계까지 조절이 가능한 가스레인지가 있다. 하지만 이는 공간적 차원과 관계없다.

추상적 관점을 이용해서 시간의 4차원이 아닌 공간의 4차원을 추가할 수 있다. 이를 위해서 우리가 있는 3차원 환경에서 마주하는 방향과 별개로 네 번째 방향이 존재함을 인정해야 한다. 이 4차원에 우리는 접근할 수 없을뿐더러 4차원에 사는 생명체가 있지도 않을 것이다. 그렇더라도 우리가 사는 차원을 완전히 넘어서는 공간 차원으로 이뤄진 세상에 창조물들이 산다는 상상을 해 볼 수는 있겠다.

영국의 작가 에드윈 애벗(1838~1926년)은 이런 공간 차원의 개념을 즐겼던 인물로 유명하다. 1884년 그가 발표한『플랫랜드: 다차원에 대한 이야기(Flatland: A Romance of Many Dimensions)』는 3차원을 발견하는 정사각형의 경험담을 그린 소설이다. 이 이야기는 2007년 미국 래드 엘링거 주니어가 만든 장편 애니메이션 영화「플랫랜드: 더 필름」을 비롯해 여러 차례 영화로 만들어지기도 했다. 소설 속 주인공인 정사각형은 직업이 변호사이고 평면 도형들이 주민인 2차원 평면도의 플랫랜드에서 살고 있다. 그의 오각형 집에는 선(line) 아내와 오각형 아들들과 육각형 손자들과 함께 산다. 정사각형은 3

차원 세상의 스페이스랜드(Spaceland)에 살아 플랫랜드의 평면 세상을 내려다보는 구(sphere)를 만난다. 3차원 공간에서 구는 플랫랜드의 전체적인 모습뿐만 아니라 플랫랜드 주민의 집 안까지도 관찰할 수 있다. 이러한 원리를 일반화하면 우리는 4차원 세상의 생명체가 건물과 붙박이장 안을 한눈에 보는 모습을 상상할 수 있다. 문이 닫혀 있어도 말이다. 데이비드 드콕토의 공포 영화 「슈리커(1997년)」에서, 4차원 괴물이 버려진 병원에서 젊은 사람들을 공격하는 장면이 바로 이런 경우다. 수학을 전공하는 여대생이 4차원 괴물의 행동 양상을 추측했는데, 4차원 공간에서 세상을 바라본 다음 우리가 사는 3차원 세상을 지나가면서 공격하는 방식이었다.

우리가 사는 세상에서 4차원 생명체나 물체의 존재를 어떻게 인지할 수 있을까? 2차원과 3차원에 대해서 앞서 언급한 『플랫랜드』를 다시 살펴보자. 플랫랜드의 정사각형은 구가 이동하여 플랫랜드를 통과하면서 자신의 세상으로 들어가는 모습을 관찰해 구가 무엇인지 이해할 수 있었다. 구가 플랫랜드에서 스페이스랜드로 가는 순간에 구는 점일 것이다. 그리고 스페이스랜드로 들어갈수록 점은 더 커지는 원이 된다. 그리고 이 원은 구가 중간 지점을 통과할 때 최대 반지름에 도달하다가 점차 줄어들면서 결국 사라지게 된다.

이런 실험은 더 큰 차원에 일반화해 볼 수 있다. 만약 3차원 구 (3-sphere, 4차원 공간에서의 구)가 우리가 사는 3차원 세상을 통과한다면, 구가 나타나서 최대치로 부풀어 오른 다음 수축되면서 결국 사라지게 될 것이다. 더 큰 차원의 물체를 직접 '눈으로 볼' 수 없지

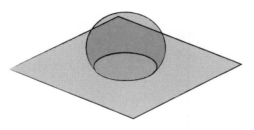

구가 평면을 지날 때, 이 평면 안에 있는 2차원 생명체는 원이 나타나 커졌다 줄어들어
사라지는 광경을 목격할 것이다.

만, 물체를 '슬라이스'로 잘라 보면서 더 큰 차원의 사물들을 상상해
볼 수는 있겠다.

정팔포체

케이트: "설명해 주시겠어요?"

제리: "네 네, 물론이죠! 보이시죠, 정팔포체예요, 4차원 초입방체의 다른 이름이죠."

사이먼: "초-뭐요?"

제리: "초입방체요. 4차원 정육면체예요."

사이먼: "4차원?"

제리: "네, 모든 요소가 여기 있어요. 더 자세히 설명할게요. 방들이 되풀이되고 움직이며 회전해요, 순간 이동… 모든 게 완벽하게 일치해요. 좋아요, 잠깐만요. 제가 설명할게요. 가로는 1차원이에요. 그렇죠? 가로는 단순한 일직선이죠. 자. 그럼, 2차원, 가로와 세로예요. 그렇죠? 정사각형의 네 변들로 가로와 세로를 표현할 수 있어요. 그리고 이 정사각형 면들로, 하나의 차원을 더 추가하는데, 정육면체를 표현하죠. 3차원이 되

영화 제목, 크레딧, 배경과 대화의 행들 모두 '정팔포체(tesseract)'를 말하고 있다. 정팔포체는 추상적인 도형으로 정사각형이나 정육면체와 비슷하지만 4차원으로 된 도형이다. 3차원 또는 그 이상의 차원으로 확장된 정육면체를 '초입방체'라고 부르기도 한다. 정팔포체를 시각적으로 나타내는 방식은 정육면체 2개를 기반으로 만드는 것이다.

주어진 크기의 선분을 생각해 보자. 정사각형을 만들려면 이 선분 2개를 놓고 선분들의 양 끝을 서로 연결시키면 된다.[18] 그러면 우리가 1차원인 선분에서 2차원 정사각형으로 왔다. 같은 과정을 정사각형에 적용해 보자. 정사각형 2개를 놓고 꼭짓점을 둘씩 연결해 보자. 그러면 2차원의 정사각형에서 출발해 3차원의 정육면체가 되었다. 이런 방식을 이어 가면 4차원의 정팔포체를 만들 수 있다. 똑같은 크기의 정육면체 2개를 놓고 8개의 꼭짓점을 둘씩 연결시키기만 하면 '충분'하다. 이러한 방식은 우리가 사는 3차원 공간에서 구체적으로 구현될 수 없다. 우리는 아래 그림처럼 추상적인 그림을 보는 것만으로 만족해야 한다.

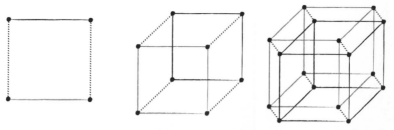

두 선분의 꼭짓점을 서로 이으면 정사각형이 만들어진다. 두 정사각형의 꼭짓점을 서로 이으면
정육면체가 만들어진다. 두 정육면체의 꼭짓점을 서로 이으면 정팔포체가 만들어진다.

이렇게 차원을 한 단계씩 연이어 추가하면서 정팔포체를 그리는 장면이 「큐브 2」의 오프닝 크레딧에서 영화 제목이 올라올 때 나온다. 처음에는 단순하게 1차원 선분들만 나타난다. 그리고 이 선분들이 2차원으로 확장되어 'HYPERCUBE' 단어를 이룬다. 그다음 문자들이 3차원이 되어 두껍고 짙어지다가 점점 커지는데, 이는 4차원으로 문자가 확장되는 것으로 이해할 수 있다. 이렇게 영화 제목에서부터 초입방체라는 개념이 발견되는데, 무엇보다 분위기를 잡기 위한 전략이다.

영화에서 등장인물들이 방 한가운데에 떠 있는 이상한 물체를 발견하는 장면이 있다. 물체는 정사각형, 8면체(정사각형 밑면이 서로 붙은 2개의 피라미드), 더 복잡한 3차원 모양으로 차례차례 바뀐다. 이 현상은 4차원 물체가 3차원 공간을 통과하는 것으로 이해할 수 있다.

초입방체가 우리 세상을 통과하는 광경을 본다고 상상해 보자. 처음에 4면체(밑면이 삼각형인 피라미드 1개) 나타났다가 그 크기가

줄리아는 초입방체인 공간에서 미스터리한 물체를 발견한다.
이 물체는 초입방체가 3차원으로 절단되는 것으로 이해될 수 있다.

점점 커지게 될 것이다. 두 번째 단계에서는 4면체의 꼭짓점들이 평평해지면서 8면체가 될 것이고, 이 8면체는 다시 4면체로 바뀌고 결국 사라지게 될 것이다.

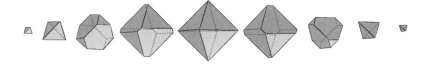

정팔포체는 상당히 반직관적인 특징들을 가지고 있다. 점 2개로 만들어진 선분, 선분 4개가 이어져 만들어진 정사각형 또는 정사각형 6개가 이어져 형성된 정육면체처럼, 정팔포체는 정육면체 8개 ('8-cell'이라고도 한다)가 이어져 만들어진다. 따라서 정팔포체는 3차원 물체들로 구성되어 있다. 정육면체를 이루는 면들, 즉 정사각형면 6개 중 어느 한 면으로 이동할 때 정사각형 면을 이루는 변 4개 중에서 하나를 건너 인접한 면으로 갈 수 있다. 이렇듯 정육면체를 이루는 6개의 면들은 서로 연결되어 있으며, 이러한 현상은 4차원에서도 발견할 수 있다. 정팔포체를 이루는 정육면체 8개 중에서 어느 한 정육면체에서 이동할 때, 정육면체를 이루는 면 6개 중 하나를 지나서 인접한 정육면체 방으로 갈 수 있다. 따라서 영화 속 등장인물들은 초입방체의 내부에 갇힌 게 아닌 초입방체를 이루고 있는 완벽한 정육면체들에 갇힌 것이다. 이 가설에 따라 우리는 미로 안에는 방이 8개만 있다고 추측할 수 있다. 영화에서 등장인물들은 수백만 개의 방이 있을 거라는 가설을 내놓긴 했지만 그것이 분명하게 명시되지 않는다. 션 후드가 쓴 영화의 초고는 8개의 방으로 제한된 미로를 설정했다고 전해지나, 최종 원고까지 유지되지는 않았다.

정팔포체와 같은 독특한 4차원 물체를 소재로 사용한 영화들이 또 있다. 이를테면, 크리스토퍼 놀란 감독의 「인터스텔라(2014년)」

마블 유니버스 영화에서는 우주 큐브(Cube) 또는 테세렉트(정팔포체)를 가진 이가 우주를 통제하거나 순간 이동을 할 수 있다.

에서, 등장인물은 초입방체 내부에 빨려 들어 시공간을 초월해 딸과 대화를 나누기까지 한다. 또한 애니메이션 시리즈 「퓨처라마」 시즌 7의 15화를 보면, 경주용 자동차 모터에 사용된 정팔포체가 차원 사고를 일으킨다. 이 사건 이후, 등장인물들은 플랫랜드와 비슷한 2차원 세계에 갇히게 된다. 마지막으로 마블 유니버스의 10여 편의 영화(「캡틴 아메리카: 퍼스트 어벤져」, 「캡틴 마블」, 「어벤져스: 인피니티 워」 등)에 정팔포체가 등장한다. 6개의 인피니티 스톤 중에서 엄청난 파워를 가진 스톤이 테세렉트(tesseract, 정팔포체)이며, 등장인물들이 서로 소유하려 싸움을 벌인다. 테세렉트를 둘러싼 그들의 운명은 초기 마블 시리즈를 구성하는 영화 22편에 걸쳐 곳곳에 배치되어 등장한다.

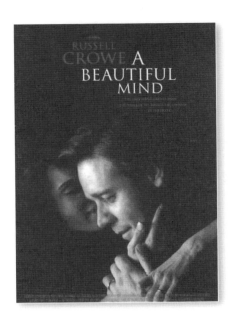

론 하워드 감독의 「뷰티풀 마인드(2001년)」
출연: 러셀 크로, 제니퍼 코넬리, 에드 해리스 등

1947년, 존 내시는 명문 프린스턴 대학교의 수학과에 입학했다. 내시는 수학과 학과장 헬린거 교수에게 제출할 혁신적인 주제를 찾아낼 것이라고 다짐한다. 비둘기들의 움직임을 연구하며 룸메이트의 창문을 온통 방정식으로 한바탕 뒤덮고 난 후, 술집에 간 존 내시는 어떤 번득이는 아이디어를 얻으며 자신의 논문 주제를 찾아냈다. 그 주제는 바로 '게임 이론'이다. 1953년 그의 논문이 발표되자마자 내시는 프린스턴 대학교의 연구원이자 강사가 되었다. 그곳에서 존 내시는 명석한 여학생 알리시아 라르데를 만나게 되고, 몇 달 후 그녀와 결혼한다. 한편 미국 국방부는 존 내시의 연구에 관심을 가진다. 연방 요원이 그에게 접근해 소련의 통신을 해독하는 일을 맡아 달라고 제안한다. 당시 러시아인들은 신문과 잡지에 실린 글에 비밀 메시지를 숨기고 있는 상황이었다. 존 내시는 이 임무에 완전히 사로잡혔고, 그의 행동은 점차 공격적으로 변한다. 결국 그는 조현병 진단을 받게 된다.

술집에서 최적의 유혹 방법을 추론해 어떻게 노벨상을 탈 수 있을까?

수학을 소재로 한 모든 영화 중에서도 「뷰티풀 마인드(A Beautiful Mind)」는 가장 크게 성공했으며 전 세계적으로 3억 달러가 넘는 수익을 거뒀다. 영화의 시나리오는 1994년 노벨 경제학상과 2015년 아벨상을 수상한 미국의 수학자 존 포브스 내시 주니어(John Forbes Nash Jr., 1928~2015년)의 삶을 자유롭게 각색한 것이다. 시나리오 작가 아키바 골즈먼은 1998년 출판된 존 내시의 전기『뷰티풀 마인드』를 바탕으로 시나리오를 썼다. 덧붙이자면, 이 책은 허락받지 않은 전기로《뉴욕 타임즈》소속 기자 실비아 나사르가 쓴 책이다. 댄 브라운의 베스트셀러를 영화화한 「다 빈치 코드」와 「천사와 악마」의 감독으로 유명한 론 하워드 감독이 연출을 맡았다.

영화는 수학뿐만 아니라 주인공의 정신 질환을 함께 다뤘다. 그리고 영화 속 화면에 나오는 방정식들을 보여 주기 위해 특별한 노력을 기울였다. 연출 면에서는 주인공의 수학적 창의성이 드러나는 순간을 항상 조명으로 알렸는데, 론 하워드 감독은 수준 높은 수학을 탐구하는 행위가 생각이 끊임없이 변하는 과정이므로 정신적 '만화경'과 비슷하다고 보았다. 이 모든 것을 그럴 듯하게 만들기 위해서 감독은 컬럼비아 대학교의 교수이자 수학자 데이브 바이어에게 자문을 요청했다. 참고로 데이브 바이어는 영화의 마지막 부분 '만년필 세레머니' 장면에 등장하기도 했다. 그는 극 중 내시가 방정식을 쓰는 장면에서 배우 러셀 크로의 손 대역을 수행하고 자문을 해 준 것 말고도, 창문과 칠판을 가득 채운 방정식들의 내용을 담당했다. 게다가 영화의 대사들, 정신이 미쳐 버리기 시작하는 시기에 존 내시가 쓰던 연구실 내부 장식을 감수했다. 아마도 데이브 바이어가 영화적 허구를 좋아했던 것 같다. 왜냐하면 2009년 미국 드라마 시리즈 「로 앤 오더 성범죄전담반」(시즌 10의 12화 '온실')에서 수

존와 알리시아의 친구들은 놀라운 공식으로 두 사람의 웨딩카를 꾸몄다.

학 천재 여대생이 살해된 채 발견되는 에피소드의 자문가로 참여했던 적이 있기 때문이다.

바이어가 이 영화의 자문가로 참여했던 작업 중에서 하나를 예로 언급하자면, 존과 알리시아의 결혼 장면에서 자동차의 앞유리에 페인트로 그려진 '$\alpha\beta - \beta\alpha \rightarrow \heartsuit$' 공식이다. '$\alpha\beta - \beta\alpha$'는 대수학에서 α와 β가 서로 얼마나 쉽게 얽히는지 표현하는 '교환자'를 표현할 때 쓰는 기호다. 애초에 바이어가 제안했던 공식은 존(α)과 알리시아 (β)의 교환자는 0에 가까워진다는 의미로 '$\alpha\beta - \beta\alpha \rightarrow 0$'이었다. 그렇게 해서 둘은 완벽을 향해 가는 것이다. 그런데 시나리오 작가 아키바 골즈먼이 '0'을 '$\heartsuit$'로 바꾸는 것을 제안했는데, 수학을 전공하지 않은 대중들에게는 숫자 0이 부정적인 의미로 해석될 수 있었기 때문이다.

다시 「뷰티풀 마인드」로 돌아와서, 영화는 존 포브스 내시 주니어의 전기처럼 보이지만 실제로는 많은 부분들이 자유롭게 각색되었다. 특히 주인공의 로맨스 부분은 현실과 다르다. 알리시아 라르데와의 관계는 여러 부분 각색되었는데, 영화에서는 1957년(영화에서 언급한 1953년이 아닌) 결혼한 이후 죽을 때까지 이어진 사랑처럼 그려졌다. 하지만 실제로 존 내시는 여러 다른 남성 및 여성들과 관계를 맺었다는 이야기가 돌아다니는 데다가 무엇보다 1951년에 태어난 자신의 첫째 아들을 인정하지 않았다. 영화에서 존 내시가 앓은 정신 질환은 수많은 환각 증세로 표현되었지만, 실제로 존 내시는 환청, 망상, 우울증에 시달렸다. 이런 증상들은 영화에서 그려낸 시기보다 한참 늦게 나타났으며, 이 때문에 결국 1963년 두 사람은 이혼하게 된다. 그러다 1990년대부터 다시 자주 만나다가 2001년 재결합했는데, 영화에서는 이들이 헤어진 시기를 덮어 두었다.

파리와 자전거

> **내시:** "…다른 곳을 향해 최대 속도로, 그러니깐, 시속 18 km이지. 이때 자전거 B의 바퀴에 파리 한 마리가 있어. 시속 36 km로 날 수 있는 이 파리는 자전거 B에서 날아올라 자전거 A로 착지해. 그리고 반대로도 왔다 갔다 하지. 두 자전거가 서로 만나서 이 불쌍한 파리가 깔려 죽을 때까지. 이 문제는 너희들이 어떤 문제에 집중하고 탐구 범위를 정하는 게 얼마나 중요한지를 보여 줘. 수학은 아주 특별하고, 중요한 예술이야. 아무리 사람들이 이에 대해 반박하길 좋아하더라도 말이지. 특히 생물학 교수들이 그래. 교수들이 하는 말을 새겨듣지 말게."

이 장면에서 존 내시는 몇몇 학생들과 앉아 소소한 수학 문제를 낸다. '시속 36 km로 나는 파리 한 마리가 시속 9 km로 서로를 향해 달리는 자전거 두 대 A와 B 사이를 왔다 갔다 한다. 자전거의 바퀴에 깔려 죽기 전까지 파리가 날아다닌 거리는 얼마일까?'

문제에서 한 가지 내용이 생략되었다. 파리가 자전거 A의 바퀴에서 날아오를 때, 두 자전거 사이의 처음 거리다. 계산을 단순화하기 위해서 파리가 왔다 갔다 하기 시작하던 순간에 두 자전거가 떨어져 있는 거리를 18 km라고 가정해 보자.

먼저, A와 B 사이를 첫 비행할 때 파리의 왕복 거리를 계산해 보겠다. 자전거 B는 시속 9 km로 달리고 있었고 파리는 자전거 B를 향해 시속 36 km로 날고 있으므로 자전거 B와 비교해 파리의 상대 속도는 $36+9=45$ km/h이다. 따라서 파리가 자전거 B에 도착하는 데 걸리는 시간은 $18 \div 45 = 0.4$시간, 즉 24분 후에 자전거에 도착하게 된다. 이 시간 동안 파리가 날아간 거리는 $0.4 \times 36 = 14.4$ km/h이고, 두 자전거는 각각 $0.4 \times 9 = 3.6$ km 전진했다. 그럼 이제 두 자전거는 $18 - 2 \times 3.6 = 10.8$ km 떨어진 곳에 있다.

이제 파리가 자전거 A로 돌아가는 거리를 계산해 보자. 같은 추론 과정을 통해 파리가 자전거 A로 돌아가는 데 날아가는 거리가 6.48 km라는 것을 알 수 있다. 그다음 두 번째 왕복 그리고 그다음 왕복 거리 계산해야 한다. 무한급수의 합 S에 의해 산출된 파리가 건너간 총 거리는 다음과 같다.

$$S = 14.4 + 14.4 \times 0.6 + 14.4 \times 0.6^2 + \cdots$$

요령을 써서[19] 계산해 보면 이 무한급수의 합 S는 36이다. 그러므로 우리의 파리는 두 자전거 사이에 깔려 죽기 직전까지 총 36 km를 날았던 것이다. 계산 완료.

이런 풀이는 쓸데없이 복잡하다. 이 결과를 내는 데 훨씬 더 빠른 두 번째 방법이 있다! 두 자전거가 시속 18 km로 서로에게 접근하고 있으며 처음에 떨어진 거리가 18 km이므로 두 자전거는 1시간 내에 서로 부딪힐 것이다. 그렇다면 파리는 깔려 죽기 전 1시간 동안 날아 다닐 것이다. 파리가 시속 36 km로 날았으니 36 km의 거리를 왔다 갔다 한 것이다. 증명 완료! 이런 이유로 영화에서 내시가 '탐구의 영역을 정하는 일'의 중요성을 강조한 것이다. 관점을 바꾸면 처음 문제를 얼핏 보고 드는 생각만큼 복잡하게 계산하지 않아도 되기 때문이다.

영화에서 이 문제를 언급한 게 우연은 아니다. 이 문제는 게임 이론의 창시자이자 암산에 뛰어났던 수학자 요한 폰 노이만(Johann Von Neumann) 일화와 연관이 있다. 1950년대 한 동료가 노이만에게 수수께끼를 냈는데 노이만은 거의 동시에 정확한 답을 내놓았다. 놀란 동료가 그에게 요령이 있었는지 물었다. 요한 폰 노이만은 그런 요령은 없고, 그저 머릿속으로 무한급수를 계산했을 뿐이라고 답했다.

대수기하학

> **헬링거:** "존. 자네 동급생들은 수업도 듣고 많은 논문을 쓰고 발표도 했네."
>
> **내시:** "아, 저는 아직 주제를 못 찾았습니다."
>
> **헬링거:** "자네의 그 독창적인 아이디어라는 게⋯."
>
> **내시:** "지배 역학입니다."
>
> **헬링거:** "정말 매력적인 주제야. 하지만 만족스러운 결과물이 나오지 않을까 우려된다네."

대중에게 존 내시는 경제학 연구로 잘 알려졌지만, 수학자들에게 그의 명성은 오히려 리만기하학 연구에서 비롯되었다. 대략 설명하자면 곡선, 평면 연구 및 더 높은 차원에서 곡선과 평면의 일반화에 대한 연구다. 2015년 존 내시는 이 분야의 연구로 아벨상을 수상했다.

리만기하학에서 반복해서 등장하는 문제는 '매장', 그중에서도 '등거리 매장(isometric embedding)' 문제다. 매장은 일부 특성(특히 형태를 보존)을 유지하면서 다른 공간에 기하학적 대상을 이동시키는 것이다. 예컨대 우리가 칠판에 선을 그으면, 평면(칠판, 2차원)에서 선분(선, 1차원 수학적 대상)의 매장이 구현된 것이다.

등거리 매장 문제를 이해하기 위해서, 1979년부터 아케이드 게임에서 큰 성공을 거뒀던 '애스터로이드(Asteroids)'를 예로 들어 보겠다. 이름에서도 알 수 있듯이 소행성을 요격하는 우주선을 게이머가 조종하는 게임이다. 우주선은 서로 마주 보는 변들이 동일한 정사각형 우주 안에 갇혀 있다. 그래서 우리가 화면상 오른쪽 변에서 빠져나가면 왼쪽 변에서 다시 나타나며 그 반대로도 마찬가지다.

화면상 위와 아래 변도 서로 대응한다. 이 정사각형 우주는 2차원이지만, 이 우주를 3차원으로 매장해 입체적으로 표현할 수 있다. 그러면 '원환면(Torus)' 모습, 즉 도넛이나 튜브 형태를 띠게 된다. 원환면을 보기 위해서 게임 화면이 정사각형의 종이라고 상상해 보자. 우선 종이를 오른쪽 변과 왼쪽 변이 만나게끔 돌돌 말고(원기둥이 된다), 이번에는 위와 아래 테두리가 만나게끔 감으면(이를 구현하기 위해서는 종이가 충분히 탄력적이라는 가정이 필요하다), 원환면의 형태가 된다. 이렇게 입체적인 원환면이 확인되므로 정사각형 우주를 '평탄한 원환면(flat torus)'이라고 부를 수 있다.

한 가지 걱정이 남는다. 매장을 구현하기 위해서 부득이하게 정사각형 우주를 변형시킬 수밖에 없었다는 점이다. 거리를 유지하는 이른바 '등거리'의 매장 방법이 이상적일 것이다. 거리를 유지하면서도 3차원 공간에서 평탄한 원환면을 매장하는 방법이 있지 않을까?

1953년, 존 내시의 오만한 모습에 지친 옆 연구실 교수가 그에게

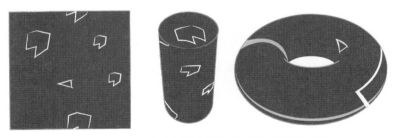

게임 애스터로이드의 정사각형 우주를 돌돌 말면 원기둥이 된다.
이 원기둥을 다시 돌돌 말면 원환면이 된다. 이 두 번째 작업을 수행할 때 변형이 생긴다.

겸손을 가르쳐야겠다는 생각으로 내시에게 '리만 다양체의 등거리 매장' 문제를 풀어 보라고 권한다. 이 문제는 100여 년이 넘은 미해결 문제였기에 그는 내시가 실패하길 바랬다. 그렇지만 내시가 이 문제를 해결하는 데는 몇 년밖에 걸리지 않았다. 내시는 등거리 매장을 실행할 수 있음을 증명해 당시 매장이 불가능하다고 생각했던 수많은 기하학자들의 확신을 뒤흔들었다.

내시의 증명은 기발했으나 한 가지 문제가 있었다. 증명이 등거리 매장의 존재를 확인했지만 어떻게 구현할 수 있는지에 대한 언급이 없었다. 따라서 등거리 매장을 조작할 수도 없고 아주 확실하게 구현할 수도 없었다. 꽤나 답답한 상황이었다. 1980년대 들어와서야 러시아 태생의 프랑스 수학자 미하일 그로모프가 등거리 매장을 이해하는 데 필요한 도구로서 '볼록 적분'과 '호모토피 원리(H-principle)'를 제시했고, 이 연구 업적으로 2009년 아벨상을 수상했다. 놀랍게도 당시에 이 도구를 사용할 생각을 했던 사람은 단 한 명도 없었다. 마침내 프랑스 리옹와 그르노블에서 프랑스인 수학자와 컴퓨터 과학자들이 모여 세운 에베아 프로젝트(Hévéa projet) 덕분에, 2012년 최초로 3차원 평탄한 원환면을 관찰할 수 있었다. 프로젝트의 목표(지금은 목표를 달성한 상황)는 알고리즘적으로 볼록 적분을 해석하는 것이었는데, 이 작업을 진행하는 데 수년이 걸렸다. 프로젝트 연구원들이 만든 물체는 불과 70년 전만 해도 상상할 수 없던 물체였다. 이는 프랙털(fractal, 무한대로 불규칙적인 도형)과 매끈한 표면의 중간 정도로, 모든 자오선과 평행선의 길이가 같으면서 무한

주변 공간에 등거리로 매장된 평탄한 정사각형의 원환면(연구원: 뱅생 보렐리, 사이드 자브란, 프랑시스 라자루스, 다미앵 호메르, 보리스 티베르)

대로 구불거리는 튜브다.

내시가 낸 문제

> **내시:** "좋아. 보다시피 다변수 함수를 가지고 똑같은 문제를 푸는 방식이 아주 많이 있지. 여기에 적힌 문제로 되돌아와서, 여러분 중에서 이 문제를 푸는 데 몇 달이 걸리는 사람도 있을 거고. 평생 매달려야 하는 사람도 있을 거야."

이 장면에서 존 내시는 「굿 윌 헌팅」의 램보 교수처럼 학생들에게 문제 하나를 보여 주고 풀어 보라 한다. 재치 있는 눈썰미로 이 장면을 자세히 보면, 수학은 교재로 가르치는 게 아니라고 생각한 내시가 이 수업을 시작할 때 『다변수 미적분학』이라는 책을 쓰레기통에 던지는 모습을 찾을 수 있을 것이다. 이 책은 실제로 존재하지 않

존 내시가 학생들에게 실제로 오랫동안 해결되지 않은 난제를 소개하고 있다.

는 가짜 책으로 영화의 자문가인 데이브 바이어가 작가인 것으로 보인다. 「굿 윌 헌팅」에서 '불가능'하다고 램보 교수가 제출한 문제가 실제로 아주 접근하기 쉬운 문제인 데 반해, 바이어는 실제로 풀기 어려운 문제를 생각해 냈다. 그는 아래의 문제를 선택했다.

$$V = \{F : \mathbb{R}^3 \setminus X \to \mathbb{R}^3 \mid \nabla \times F = 0\}$$

$$W = \{F = \nabla g\}$$

$$\dim(V/W) = ?$$

미분 위상수학 문제다. 굉장히 전문적인 내용이라 자세한 설명은 생략하고 간략하게 소개하자면, 집합 X가 만든 공간 차원을 바탕으로 집합 X의 모습이 얼마나 복잡한지 수치로 표현하는 문제다. 이 문제의 주제는 무척이나 추상적인데, 1930년대 이러한 문제들을 연구했던 스위스 수학자의 이름에서 따와 '드람 코호몰로지(De

Rham cohomology)'라는 이름이 붙여졌다. 주어진 문제의 방식을 보면 학생들에게 내는 연습 문제보다는 연구 주제에 더 가깝다. 게다가 여러 관점에서 문제를 해결할 수 있어 다양한 풀이가 나오게 된다. 영화에서 알리시아 라르데가 존 내시에게 자신의 풀이를 보여줄 때, 그는 이런 모든 접근법을 활용하지 않았던 자신을 자책했다.

게임 이론, 헥스 게임 그리고 내시 균형

다섯 명의 여자들이 내시와 친구들이 있는 술집으로 들어왔다. 그중 한 명은 금발이다.

솔: "아무도 움직이지 마. 어떤 여자가 이쪽을 보고 있어. 설마… 내시 쪽을 보고 있는 것 같아!"

핸슨: "이런. 좋아, 지금은 내시가 유리하니깐, 내시가 말할 때까지 기다려 보자! 지난번 일 기억나?"

벤더: "그건 역사가 되었지!"

내시: "애덤 스미스의 말을 다시 봐야 해!"

핸슨: "뭔 소리 하는 거야?"

내시: "모두가 금발 여자한테 다가가면, 서로 방해만 될 뿐 아무도 그녀를 꼬실 수 없어. 주변 다른 여자한테로 방향을 돌리면, 꿩 대신 닭이 되는 걸 좋아하는 사람은 아무도 없으니 우리를 쫓아낼 거야. 그런데 아무도 금발 여자한테 다가가지 않는다면, 서로 거절당하지 않고 다른 여자들도 감정 상하는 일이 없지. 이게 단 하나의 이길 수 있는 방법이야. 각자 한 여자를 만날 수 있는 유일한 방법이지. 애덤 스미스는 목표에 도달하기 위해서 집단의 구성원들이 자신 스스로를 돌봐야 한다고 했어. 맞

지? 그렇지만 그건 충분하지 않아. 완전하지 않은 말이야. 그렇지? 최적의 결과를 얻기 위해서 집단의 구성원들은 자신 스스로를 돌보면서 동시에 집단을 보살펴야 해."

핸슨: "내시, 혼자서 저 금발 여자를 꼬시고 싶으면, 지금 가 봐!"

내시: "이게 지배 역학이라고, 친구들! 지배 역학! 애덤 스미스가 틀렸어! 고마워."

'내시의 균형'이라는 개념은 게임 이론에서 빼놓을 수 없다. 게임 이론은 1940년대 요한 폰 노이만이 도입했던 수학의 한 분야로 여러 요인들, 즉 '게임 참가자'들의 선택에 얽힌 상호 작용을 연구하는 것이다. 이를테면 이 이론을 통해서 몇몇 추상 전략 게임(틱택토[Tic-Tac-Toe], 커넥트포[Connect 4], 체스 등)에서 승리 전략의 존재를 보여 줄 수 있다. 또한 경제학, 사회학, 생물학에서 구체적 적용 사례를 많이 찾을 수 있다.

영화에서 게임 이론이 확실하게 언급되지는 않았어도 이론을 연상시키는 장면들은 아주 빈번하다. 예컨대 내시와 핸슨이 바둑을 두는 장면이 있다. 바둑은 만만찮게 복잡하고 이론을 이해하기 어려운 게임에 속한다. 핸슨과의 바둑에서 진 존 내시는 바둑을 '완벽하지 않은' 게임이라 치부했고, 자신의 패배를 이겨 내기 위해서 '완벽한' 게임을 개발한다. 참고로 게임을 개발하는 장면은 DVD 보너스에서 편집된 장면으로 확인할 수 있다. 프린스턴 대학교의 학생들은 이 게임을 '내시(NASH) 게임'이라고 불렀는데, 요즘에는 '헥스(Hex)

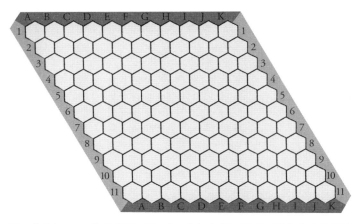

헥스 게임의 11×11판(하지만 우리는 더 크거나 더 작은 판으로 게임을 할 수도 있다).

게임'이라는 이름으로 부른다.

　헥스 게임은 6각형 칸들로 채워진 마름모 판 위에서 벌이는 2인용 게임이다. '흰색'과 '검은색'을 가지고 두 사람이 차례차례 자신이 가진 육각형 모양의 돌(흰돌이나 검은돌)을 자유롭게 칸 위에 올려 두면 된다. 자신이 가진 색의 돌을 가지고 판에서 서로 마주 보는 두 변을 잇는 길 하나가 완성되면 게임은 끝이 난다.

　헥스 게임은 무승부로 끝나는 경기가 하나도 없다. 만약 모든 돌이 판에 다 올라왔다면 분명 흰돌로 이어진 승리의 길 또는 검은돌로 이어진 승리의 길은 분명히 있겠지만, 동시에 두 길은 절대 만들어질 수 없다. 이런 결과는 '헥스 정리'로 확인되었다. 헥스 정리에 대한 공식 증명은 뻔하지 않지만, 그래도 검은돌이 육각형 땅이고 흰돌이 육각형 물이라고 생각하면서 직관적인 이미지를 그려볼 수 있다. 그러면 흰돌들이 연결되어 건널 수 없는 강이 만들어지거나(그러면 흰돌이 승리) 아니면 검은돌이 이기는 상황, 둘 중 하나다.

헥스 게임에서 내시가 만족스러워했던 점은 경기에서 선공한 사람이 100% 이기는 전략이 있다는 것이다. 이러한 전략은 상대방이 취할 수 있는 모든 공격에 맞선 대응 방법들과 어느 정도 일치하며, 반드시 승리하다. 하지만 판의 크기가 약간이라도 커진다면(9×9 칸의 마름모 판보다 더 큰 경우), 그 순간부터 이 전략을 확실하게 펼칠 수 있는 사람은 아무도 없다. 그래서 게임은 계속 흥미진진하게 진행된다. 내시의 정리는 해법이 있다는 사실만 확인해 줄 뿐 그 이상의 의미는 없다.

경기에서 선공하는 사람이 100% 승리하는 전략이 있음을 증명하기 위해서 귀류법을 적용해 볼 수 있다. 흰돌이 선공을 잡고 검은돌이 승리하는 전략이 있다고 가정해 보자. 이 경우 흰돌은 검은돌의 이기는 전략을 '빼앗을'수 있다. 흰돌은 아무 데나 첫 번째 돌을 놓으면서 자신의 차례를 시작한 다음, 검은돌이 첫 번째 돌을 두게 한다. 이 순간부터 흰돌은 검은돌의 승리 전략(색을 뒤바꾸면서)으로 경기를 할 수 있으며, 분명 흰돌이 승리할 것이다. 그러면 검은돌은 경기에서 패배할 것이므로 원래 가정과 모순이 된다. 왜냐하면 검은돌의 승리 전략을 항상 깨뜨릴 수 있으니 그런 전략은 존재하지 않는다는 결론에 도달하게 되기 때문이다. 무승부로 끝나는 경기는 있을 수 없기에 경기에서 선공한 사람, 즉 흰돌이 승리 전략을 소유하게 된다.

하지만 이 '전략 뺏기'는 모든 전략 게임에서 일반화할 수 없다.

핸슨과의 대결에서 패배한 존 내시는 헥스 게임만큼 완벽하지 않다면서
바둑을 '허술'한 게임이라고 치부했다.

체스에서는 무승부로 끝날 수 있으므로 적용될 수 없다. 바둑의 경우 후공한 사람이 몇 수 먼저 두고 경기를 시작할 수도 있기 때문에 두 사람이 완벽하게 일대일 대응이 아니다. 영화에서 내시는 자신이 선공이었고 완벽하게 수를 놓았기 때문에 이겼어야 했다고 주장하지만, 그 주장을 뒷받침해 줄 수 있는 근거가 하나도 없다.

이제 헥스 게임은 내버려 두고, 존 내시가 1994년 노벨 경제학상을 수상할 수 있게 해 준 연구를 살펴보자. '내시의 균형'이라는 개념은 여러 사람들이 상호 협의 없이 선택하는 게임에서 작용한다. 일방적으로 전략을 바꾸려는 사람이 더 이상 나타나지 않는 순간 내시 균형에 도달한다.

내시 균형을 이해하기 위해서 게임 이론에서 가장 유명한 문제, 죄수의 딜레마를 이야기해야겠다. 당신은 공모자와 함께 불법 행위를 계획하고 있었는데, 경찰이 출동해 당신을 감옥에 가뒀다. 신속하게 이 사건을 해결하기 위해서 수사를 맡은 형사는 수사에 협력하면 감형해 준다는 제안을 했다. 당신의 파트너에게도 같은 제안을 했다. 이제 당신은 딜레마에 직면한다.

- 당신은 공범을 밀고해 경찰 수사에 협조할 수 있다. 만약 공범이 입을 다물고 있다면, 공범이 최대 10년 형을 받지만 당신은 풀려날 것이다. 만약 공범도 당신을 밀고한다면, 둘 모두에게 징역형을 나눠 각자 5년 형을 선고받게 될 것이다.
- 또는 당신이 함구하는 쪽을 선택할 수 있다. 만약 공범 역시 입을 다물고 있다면, 각자 징역 1년을 선고받게 될 것이다. 그런데 만약 공범이 당신을 밀고한다면, 당신은 징역 10년 형의 처벌을 받겠지만 공범은 풀려날 것이다.

당신에게 생각할 시간을 주겠다. 가장 이상적인 답은 무엇일까?

당신의 선택과 비교하며 함께 추론해 보자. 공범이 입을 다물고 있는 경우, 당신이 입을 다물면 1년 형을 살거나 공범을 밀고해 풀려날 수 있다. 공범이 말하는 경우, 당신은 공범을 밀고하지 않으면 징역 10년 형을 살고, 공범을 밀고하면 징역 5년 형이다. 마지막으로 공범의 선택에 상관없이 가장 위험이 낮은 선택은 당신의 공범을 밀고하는 것으로 이때 당신이 받을 수 있는 가장 높은 형량이 10년이 아닌 5년이기 때문이다. 공범이 이와 동일한 추론 과정을 거치

면 당신과 공범은 서로 자수하는 셈이니 결국에 각자 징역 5년형을
받게 될 것이다.

각자가 자신의 공범을 밀고하는 상황은 죄수의 딜레마의 내시
균형에 해당한다. 그 이유는 홀로 전략을 바꾸려는 사람이 아무도
없기 때문이다. 이 균형의 부정적인 면은 최적의 상황이 아니라는
것이다. 여기서 두 사람 모두 침묵해서 이득을 얻을 수도 있다. 따라
서 최선의 개인적 행동들의 총합과 최선의 공동체적 행동 사이에 불
일치되는 면이 있다.

변화가 반복될 때 죄수의 딜레마는 다소 흥미로워진다. 두 명이
죄수의 딜레마에 처했다. 200번 연속으로 대답하며 각자 누적된 형
량을 최소화하려고 애쓰는 방식이다. 수많은 전략을 생각해 볼 수
있다. 계속 밀고하지 않는 쪽, 계속 밀고하는 쪽, 계획 없이 둘 중 하
나를 선택하는 쪽, 두 가지 선택을 번갈아 하는 쪽 등등. 기본 선택지
에서처럼 가장 합리적인 접근은 매번 공범을 밀고하는 것이다. 그
렇지만 덜 합리적인 듯하지만 더 효율적인 전략이 있다. 바로 '눈에
는 눈, 이에는 이' 전략이다. 이 전략은 처음 대답에서 함구하고 있다
가 상대방의 이전 선택을 매번 따라 하는 것이다. 상대방도 이 전략
을 적용할 가능성이 아예 없는 것은 아니기에 일관된 밀고 전략보다
훨씬 더 흥미로운 전략이다.

다른 예로 앞서 나온 영화 장면을 살펴보자. 술집에서 내시가 네
명의 친구들이 서로 경쟁하는 '게임'을 중재했다. 각자 두 가지 선택
이 있었다. 남자들이 갈색 머리 여자 네 명 중 한 명을 유혹하는 선

남자 다섯 명이 여자 다섯 명을 유혹하는 최적의 방식은 무엇일까?
영화에서 존 내시는 이 질문에 답하며 자신의 균형 이론을 소개한다.

택 또는 금발 머리의 여자 한 명을 유혹하는 선택이다. 내시는 남자
들 중 최소 두 명이 금발 여자에게 간다면 그들은 서로에게 방해가
되고 두 번째 기회도 날아갈 수 있으며 결국 혼자 쓸쓸히 귀가하게
될 것이라 설명했다. 유일한 해결책은 남자들이 모두 금발 여자에
게 추근대지 않고 각자 갈색 머리 여자 중 한 명에게 다가가는 것이
다. 안타깝게도 이 장면은 엉성한 데가 있다. 그 이유는 내시의 연구
를 잘 보여 주지 않기 때문이다. 게다가 소개된 전략은 균형을 이루
지 않고 있다. 어느 누구도 금발 여자를 유혹하러 가지 않겠다고 선
언한다면 누군가는 개인적인 전략을 바꾸고 싶어 할 것이다. 이 예
시에서, 남자들 중 한 명이 금발을 유혹하겠다고 선택하고 다른 네
명은 갈색 머리 여자들을 고른다면, 균형을 이루는 전략이 단 1개가
아닌 4개가 있는 것이다. 모든 사람이 같은 전략을 쓰기로 합의한

다면, 어느 누구도 개인적 이득을 줄이면서까지 의견을 바꾸려 하지 않을 것이다.

마지막으로 그 유명한 가위바위보를 살펴보자. 두 명의 참가자 존과 마틴은 마음속으로 가위, 바위, 보 셋 중 하나를 고른 다음 동시에 내민다. 다음 규칙에 따라 승자가 정해진다. 바위는 가위를 이기고(바위가 가위를 부러뜨린다), 보는 바위를 이기며(보가 바위를 뒤덮는다), 마지막으로 가위는 보를 이긴다(가위가 보를 자른다). 가위바위보도 내시 균형에 적용될 수 있을까? 존은 항상 '바위'를 내는 전략을 선택하고 마틴은 항상 '보'를 내는 전략을 선택했다고 가정해 보자. 첫 번째 경기 이후, 존은 다음 차례에 계획을 바꿔 '가위'를 내기로 결심했는데, 마틴은 존이 '보'를 선호하게 만들면서 '바위'로 바꿨고, 이렇게 경기가 계속 이어졌다. 따라서 둘 중 한 명이 전략을 바꾸려 하지 않으면서 가위, 바위, 보 중에서 하나를 정하는 방법은 아예 없다. 그러하더라도 가위바위보에도 내시 균형이 통한다. 수행해야 할 전략은 가위바위보 참가자들이 가위, 바위, 보 중 하나만 내는 게 아닌 일정 확률로 몇 개를 내는 '혼합' 전략이다. $\frac{1}{3}$의 확률로 셋 중 하나를 무작위로 고르는 전략이 가장 좋다. 가위바위보 참가자가 각자 주도면밀하게 이 전략을 수행한다면, 아무도 전략을 바꾸려 하지 않을 것이다.

변형된 가위바위보 게임에는 네 번째 '우물'이 추가된다. 우물은 바위와 가위를 이기지만 보에는 진다. 이 경우 '바위'가 좋은 선택이 결코 아니라는 사실을 확인할 수 있는데, 왜냐하면 사람들은 바위 대신 우물을 대체하는 데 항상 관심이 있기 때문이다. 따라서 여기서 내시 균형은 $\frac{1}{3}$의 확률로 '우물', '보', '가위' 중에서 하나를 내며 '바위'를 절대 내면 안 되는 전략이다.

게임 이론에 혁신을 일으킨 존 내시의 논문, 〈비협력 게임〉은 단 27쪽 분량밖에 되지 않는다. 이 논문에서 존 내시는 모든 게임은 반드시 적어도 1개의 균형을 이루므로 게임 참가자들에게 가능한 선택이 무한대가 아니라는 사실을 증명했다. 이 균형은 기초 전략(각자 자신의 전략으로 게임에 임하는 것) 또는 혼합 전략(각자 운명에 맡기는 전략으로 게임에 임하는 것)일 것이다. 오늘날 이 정리는 여러 국가들 간의 무기 경쟁이나 축구 경기의 패널티킥 전략 등 다양한 문제를 분석하는 데 빠지지 않는다.

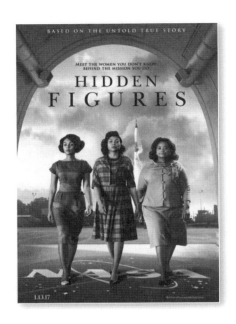

시어도어 멜피 감독의 「히든 피겨스(2017년)」
출연: 타라지 헨슨, 옥타비아 스펜서, 저넬 모네이 등

1961년, 미국 햄프턴에 위치한 랭글리 연구소. 도로시 본은 나사(NASA)에서 흑인 여성 수학자들만 분리시킨 서쪽 건물의 '계산원' 부서 감독관이다. 하지만 그녀의 지위는 직급으로 인정받지 못했고, 컴퓨터 과학이 등장하면서 그녀의 일자리와 부서까지 위협을 받게 된다. 그녀는 자신의 부서에서 일하는 메리 잭슨, 캐서린 고블과 친구 사이이다. 메리 잭슨은 엔지니어 칼 질린스키가 이끄는 풍동 연구 프로젝트에 동원 호출을 받았다. 흑인 여성의 엔지니어 학위의 취득이 법으로 금지되던 시대였지만 칼 질린스키는 메리 잭슨에게 엔지니어가 되기 위한 수업을 들을 것을 권한다.

케서린 고블은 우주 연구 부서로 들어가 두 남성의 지시에 따라 일을 했다. 부장 알 해리슨과 그녀의 감독관인 폴 스태포드다. 그들은 최초로 미국인을 궤도로 보내는 머큐리(Mercury) 임무를 수행하기 위해 연구하고 있다.

계산원이 인간을 궤도로
보낸 방법은?

「히든 피겨스(Hidden Figures)」의 시나리오는 실화를 바탕으로 한다. 역사로부터 잊혀져 잘 알려지지 않았던 세 명의 아프리카계 미국인 여성 캐서린 고블 존슨(Katherine G. Johnson), 도로시 본(Dorothy Vaughan), 메리 잭슨(Mary Jackon)이 지나온 길을 되짚는다. 작가 마고 리 셰털리가 이 여성들의 실제 이야기를 담은 책『히든 피겨스』를 2016년 출판했고, 이를 바탕으로 시어도어 멜피 감독이 자유롭게 각색했다. 영화는 대중적으로 크게 성공했고 2억 3천 5백만 달러 이상의 수익을 거뒀다.

  수학 자문가로는 딱 한 명이 크레딧에 올라왔다. 미국 애틀랜타에 위치한 모어하우스 대학의 교수인 수학자 루디 혼이다. 루디 혼은 영화에 나오는 몇 가지 전문적인 대사들, 그중에서도 오일러의 방법이 언급하는 대사에 대해 자문했다. 그가 영화 속 칠판에 적힌 수많은 방정식을 직접 쓰진 않았지만, 1950년대와 60년대 나사에서 썼던 방정식들과 일치하는지 확인하는 작업을 맡았다. 또한 캐서린 고블 역을 맡은 배우 타라지 헨슨이 영화에서 방정식 몇 개를 직접 썼는데, 혼 교수는 그녀가 연기로 보여 줘야 하는 계산을 읽고, 쓰고, 이해할 수 있도록 수학의 기초를 가르쳤다.

히든 피겨스

짐 존슨: "그럼, 나사 소속 계산원이시군요?"

캐서린 고블: "맞아요."

짐: "무슨 일을 하시나요?"

캐서린: "우주 계획에서 로켓 발사와 착륙에 필요한 수학 계산을 하죠."

짐: "그거 막중한 일이군요! 그런 일들을 여성들에게 맡기다니… 아니… 제가 잘못 이해했어요."

캐서린: "제대로 이해하셨어요."

짐: "저기, 저는 임무가 아주… 힘든 일…이라 놀랐던 겁니다…."

캐서린: "오, 존슨 씨. 저라면 더는 말을 하지 않을 거예요."

짐: "제가 당신을 무시하려던 게 아니에요."

캐서린: "아마 이런 일에 대해 모르셨을 거예요. 저는 웨스트버지니아 대학교에서 최초 흑인 여성으로서 박사 과정을 밟았어요. 일주일 내내 공기역학 관련 압력 측정 기록과 마찰력, 속력을 분석하고 있죠. 이번 주에는 코사인, 제곱근… 또 해석기하학 계산을 만여 개 했어요. 그것도 손으로요! 나사의 서쪽 건물에 여성 계산원이 스무 명 있어요. 모두 아주 능

영화 속 세 여주인공들은 각자 분야에서 자신의 이름을 빛냈다. 도로시 본(1910~2018년)은 나사 최초 흑인 여성 감독관이었고, 메리 잭슨(1921~2005년)은 나사 최초 흑인 여성 엔지니어였으며, 캐서린 고블 존슨(1918~2020년)은 머큐리 임무에서 궤도 계산을 검토하는 임무를 성공적으로 수행했다. 작가 마고 리 셰털리가 쓴 책에는 수학자이자 엔지니어로 나사에서 첫 아프리카계 미국인 고위 관리직까지 오른 크리스틴 다든도 나오지만, 영화 「히든 피겨스」에는 등장하지 않는다.

모든 전기 영화에서처럼 감독은 실제 이야기에 크게 얽매이지 않았다. 캐서린 고블 존슨, 메리 잭슨, 도로시 본은 실존 인물이지만 다른 등장인물 대다수는 실존 주변 인물들의 파편들을 모두 모아 창조된 캐릭터다. 알 해리슨이라는 인물은 1958년부터 우주 직무 그룹의 책임자이었던 로버트 길루스라는 실존 인물이 모티브가 되었다. 영화에서 메리 잭슨이 들어간 프로젝트 관리자이었던 칼 질린스키라는 인물은 실제로 메리 잭슨의 멘토였던 카지미에시 차르네츠키를 모티브로 만들어진 인물이다. 마지막으로 영화에서 캐서린과 도로시의 상사로 나온 폴 스태포드와 비비안 미첼은 실제로 존재하지 않는다. 그러나 영화에서 그려지는 이들의 태도는 당시 나사에서 일하는 주변 직원들의 성차별주의적 행동과 인종차별주의적 행동들을 하나하나 모아 만든 캐릭터다.

시나리오의 내용과는 다르게 세 여주인공들이 나사에서 근무했던 시기는 다르다. 영화는 1961년과 1962년 사이에 일어난 이야기라고 하지만, 영화에서 일어난 사건들의 5분의 4는 실제로 그 2년 동안 벌어진 일이 아니다. 이를테면 도로시 본이 연구소 서쪽 건물에 위치한 계산원 부서의 관리자로 임명된 해는 1949년으로, 영화에서 그려진 시기보다 12년 빠르다. 그래서 당시 그녀는 관리직 직급으로 승진한 첫 번째 아프리카계 미국인이자 여성이었다. 또한 그녀가 컴퓨터 과학 부서에 합류하게 된 해는 1958년으로 영화에서 묘사한 사건보다 4년 앞선다. 메리 잭슨은 본이 감독관으로 있던 당시의 부서에서 일한 것은 맞지만 실제 시기는 1951년과 1953년 사이로 차르네츠키와 함께 일하기 전의 일이었다. 공식적으로 그녀는 1958년부터 엔지니어로 근무했다. 마지막으로 캐서린 고블은 1952년부터 본의 부서에서 일했으며 1958년부터 우주 직무 그룹에 합류했다. 결혼으로 인해 성이 캐서린 존슨으로 바뀐 해는 1962년이 아닌 1957년이다. 결국 영화의 이야기 짜임을 단순화하기 위해서 여러 사건들을 같은 기간에 모았던 것이다.

몇몇 사건들은 관객들에게 감동을 주고 더 극적으로 보이게끔 변형되기도 했다. 유인 우주선의 첫 궤도 발사가 1962년에 있었고 우주 비행사 존 글렌이 특별히 존슨에게 수기로 계산을 확인해 줄 것을 요청했던 것도 사실이다. 하지만 영화에서처럼 몇 시간 만에 계산을 해냈던 건 아니었고 며칠이 걸렸다. 나사의 '여성 계산원'들이 자신이 작성한 보고서에 본인 이름을 서명하지 않았던 것은 사실이었지만 캐서린 존슨은 이 임무를 맡기 전에도 자신의 이름으로 서명했다. 가장 논란이 된 지점은 영화의 상징적 장면 중 하나로 캐서린 존슨이 유색 인종 전용 화장실에 가기 위해서 반대편 건물까지 뛰어가야 했던 장면이다. 나사에서 흑인과 백인 분리주의 규정이 시행됐던 시기가 1958년 이전이긴 했으나, 캐서린 존슨은 눈 하나 깜빡하지 않고 백인 전용 화장실을 사용했었기 때문에 자신이 일하던 부서에서 화장실 문제로 힘들어하지 않았다. 실제로 화장실 규정으로 고생했던 사람은 메리 잭슨이었다.

이차방정식

> **캐서린:** "만약 두 항의 곱이 0이라면, 두 항 중에서 하나는 논리적으로 0이어야 해요. 등식의 한 변에 있는 모든 항을 한쪽으로 옮기면, 인수분해가 가능한 형태가 되고, 그러면 그쪽 방정식도 0이 되요. 거기까지 하면, 나머지는 쉬워요."

첫 장면에서는 열한 살의 어린 캐서린 고블이 등장한다. 눈으로 봐도 자신보다 나이가 훨씬 많아 보이는 학생들 사이에 캐서린이 수업을 듣고 있다. 선생님이 캐서린에게 칠판에 적힌 아래의 문제를 풀어 보라 한다.

'미지수 x의 방정식을 풀어라:

$$(x^2 + 6x - 7)(2x^2 - 5x - 3) = 0$$'

두 이차식의 곱으로 표현된 방정식 문제다. $ax^2 + bx + c = 0$ 유형의 방정식을 풀기 위해서 우리는 주로 '$\Delta = b^2 - 4ac$' 공식으로 요약되는 '판별식' 방법을 사용한다. 캐서린은 이 문제를 풀기 위해서 조금 더 영리한 다른 방법을 사용했는데, 그건 바로 인수분해다. 인수분해는 많은 계산이 요구되지만 공식을 사용하지 않고 풀 수 있다. 캐서린이 직접 쓰고 말로 설명한 답안은 맞았다. 이러한 유형의 방정식은 대개 열여섯 살 학생들이 듣는 수업에서 다루는 내용이므로 이 첫 장면은 캐서린이 영재였다는 것을 보여 준다.

화면으로 확인이 가능한 수학 문제가 나올 때면 이차방정식이 굉장히 자주 보인다. 대다수 관객들은 학교에서 이런 문제를 풀어 본 적이 있기에 이런 방정식들은 관객들에게 분명 여러 추억들(좋거나 나쁜)을 소환할 것이다. 프랑스 영화 「러브 미 이프 유 데어(2003

캐서린 고블이 칠판에 적힌 방정식의 풀이를 적었다(−7, 1/2, 1, 3).

「러브 미 이프 유 데어」에서 수학과 학생인 소피는 구술 시험에서 매개변수 이차방정식 $mx^2 + (m-1)x + m = 0$을 풀어야 한다. 그녀는 고전적인 판별식을 사용해 난관을 헤쳐 나갔다.

년)」에도 배우 마리옹 코티아르 분의 여자 주인공 소피가 이런 유형의 수학 문제를 풀어야 하는 장면이 나온다. 미국 드라마 「판타스틱 패밀리(2010년)」의 파일럿 에피소드에서도 주인공 가족 중 아들 제이 제이 파웰이 수학 숙제를 하다가 초능력을 발견했고, 순식간에 이차방정식을 풀 수 있게 된다. 어린이 애니메이션 「페파 피그」의 어느 한 에피소드에서는 판별식 공식이 등장하기도 했다!

칠판과 방정식

알 해리슨: "프렌드십 7호의 발사 가능 시간대를 확인했습니다. 그럼 착륙 지점에 대해 논의하죠."

짐 웹: "해군은 정확한 지역 한 곳만 원합니다."

해군 장교: "폭 20해리의 정사각형 지점만 보장할 수 있습니다. 그 이상이면 캡슐을 찾지 못할 수도 있어요."

폴 스태포드: "저희는 세 구역을 예상하고 있습니다."

해군 장교: "대서양 절반을 엄호할 수는 없어요."

알: "실례지만, 캡슐은 매일 변화를 겪습니다. 지구를 도는 궤도에 있기 때문이죠. 속도가 얼마지?"

캐서린 고블: "시속 28,234km입니다. 로켓에서 근지점으로 발사된 캡슐의 속도죠."

글렌: "신호 위반 딱지를 받겠군요!"

짐: "좋습니다. 지금 캡슐의 속력, 발사 가능 시간대, 임의 착륙 지점, 그러니깐 바하마죠, 이 세 가지는 정해졌군요. 그럼 재진입 지점이 나와야 하지 않나요?"

폴: "네, 이론상으로는요."

짐: "이론은 이제 끝입니다. 우린 지금 이론 너머로 더 앞서가고 있어요."

알: "이 정보들로 재진입 지점을 계산할 수 있을 겁니다."

짐: "그럼 정확히 언제인가요?"

알: "캐서린. 자네가 해 보겠는가?"

캐서린: "재진입 지점은 우리가 글렌 대령을 착륙시키고 싶어 하는 지점으로부터 4,812km 떨어진 곳입니다. 만약 재진입 지점에서 시속 28,234km 속도로 바하마를 향해 온다고 가정한다면 […] 자, 착륙 지점은 북위 5.0667도 서경 77.3333도이고, 바로 이 지점입니다. 여기, 20해리 폭을 포함해서요."

글렌: "당신의 계산이 마음에 드네요."

이 장면에서 캐서린 고블은 우주 캡슐의 경로를 계산하여 그녀의 놀라운 수학적 재능을 보여 준다.

이 영화에서 방정식이나 계산이 배경으로 보이는 장면은 스무여 개 정도 된다. 칠판이 화면에 등장한 횟수는 모두 다 합해 약 마흔 번 이지만, 안타깝게도 대부분 읽을 수 없고, 다른 것들도 맥락이 충분 하게 드러나지 않아 이해하기가 힘들다. 그런데 계산하는 장면 하나 가 우리의 시선을 끈다. 캐서린이 미국 국방부 펜타곤에서 열린 회 의에서 분필을 잡는 장면이다. 회의 주제는 머큐리 아틀라스 6호 임 무의 일환으로 존 글렌 대령이 탑승할 우주 캡슐 프렌드십 7호의 경 로를 준비하는 것이었다. 이 회의에 참석할 권리를 고군분투 끝에 얻어 낸(역사적으로도 사실) 캐서린은 우주 캡슐이 착륙할 지점의 경 위를 계산해 달라는 요청을 받는다. 백인 남성들만으로 구성된 회 의장 안을 감도는 의심스러운 눈초리를 받으며 캐서린은 계산을 수 행했고, 아래 세 줄을 썼다.

$$2{,}990 \text{ miles}$$

$$17{,}544 \text{ mph} = 25{,}371 \text{ ft/s}$$

$$\pi/180 \times 46.56 \times 2 = 1.626$$

이 수식들은 경로를 계산하는 데 필요한 정보들을 적은 내용이다. 궤도 이탈(캡슐이 지구 궤도에서 벗어나는 지점)과 착륙 지점 사이의 거리는 2,990마일(4,812 km)이다. 캡슐의 처음 속도는 시속 17,544마일이며 이는 초속 25,371피트다. 마지막 줄은 하강각 y값 46.56도를 넣고 하강각의 2배 $2y$를 라디안으로 변환하면 1.626라디안이 된다. 캐서린은 다음 수식을 썼다.

$$R = \frac{v^2 \sin(2y)}{g} = \frac{(25{,}371 \text{ ft/s})^2 \sin(1.626)}{32.2 \text{ ft/s}^2}$$
$$R = 20{,}530{,}372 \text{ ft} = 2{,}990 \text{ miles}$$

중력 가속도 g가 관여하는 이 공식은 일반적으로 속도 v와 각도 y(대기의 마찰을 고려하지 않고)에 따른 지표면 상에서 발사된 발사체 범위를 표현한다. 지표면에서 발사되어 수 킬로미터 떨어진 지구 궤도에서 벗어나는 캡슐에 적용되는 공식을 지구로 돌아올 때의 궤도 이탈 지점을 계산하기 위해서 쓴 것이므로, 사실 적절해 보이지는 않는다. 캐서린은 암산해 나온 결과로 20,530,372피트를 발표하며, 이를 2,990마일로 변환했다.

그런데 문제는 이 수식을 직접 계산기를 두드려 계산해 보면 위 공식의 값이 19,959,847피트로 나온다는 것이다. 두 값이 다른 이유는 존슨이 처음 했던 계산을 옮겨 적으면서 오류가 생겼기 때문이다. 처음 속도 데이터에서 숫자 두 자리의 순서가 뒤바뀌었다(25,731

대신 25,371을 적음). 캐서린이 계산한 피트와 마일의 변환도 틀렸다. 정확한 값은 3,888마일이다. 캐서린은 아마 결과값과 문제에서 처음 주어진 데이터(2,990마일)를 혼동했던 것 같다.

캐서린은 바하마 연안에 캡슐의 수착 위치를 특정하면서 자신의 증명을 마쳤다. 그녀는 북위 5.0667도, 서경 77.3333도를 낙하지점으로 가리키며 GPS 좌표를 바로 계산했다. 그런데 네비게이션 프로그램에 이 좌표를 입력하면, 이 지점은 캐서린이 원하던 지점에서 약 2,200 km 떨어진 콜롬비아 서쪽에 위치한다는 사실을 발견하게 될 것이다. 이것도 또 다른 오류일까? 사실 캐서린이 쓴 좌표는 '규범'에 맞는 GPS 좌표가 아니었다. 그 이유를 모르겠지만, 위도 0도의 선이 적도가 아니고, 북회귀선 쪽으로 이동되었기 때문이다. 그래서 좌표계를 바꿔 계산한 좌표는 바하마 좌표로 나온다.

오일러 방법

캐서린 고블: "문제는 캡슐이 타원형 궤도에서 포물선 궤도로 바뀌면서에요. 이런 상황에 적용할 수학 공식이 없어요. 우리는 발사와 착륙을 계산할 수 있어요. 하지만 이런 변환점이 없으면 캡슐은 궤도에 남아 있고 지구로 데려올 수 없죠."

알 해리슨: "접근 방법을 다시 살펴봐야 할까?"

폴 스태포드: "어떻게 말이죠?"

알: "자네 말은 새로운 수학이 아니라는 거지…."

머큐리 아틀라스 6호 임무를 수행하기 위해서 우주 직무 그룹은
경로 계산 문제에 직면했다. 타원 궤도에서 포물선 궤도로 바꾸기
위해 속도를 늦춰야 하는 정확한 시점을 계산해야 했는데, 그래야
캡슐이 지구로 복귀할 수 있었다. 그래서 캐서린 고블은 '구식'이지
만 '신뢰'할 수 있는 계산법으로 오일러 방법을 생각해 냈다.

캐서린은 '캡슐의 경로를 효율적으로 계산하는 방법' 문제를 동료들에게 설명하고 있다.

1768년 레온하르트 오일러(Leonhard Euler)가 내놓은 방법이니 정말 오래된 것이다. 해를 구하는 정확한 방법이 실행하기에 너무 길거나 불가능할 때, 오일러 방법을 가지고 근사로 접근해 수치적으로 수학 문제를 해결할 수 있다. 더 자세히 설명하자면, 오일러 방법은 미지수가 아닌 미지 함수 1개 또는 여러 개를 가지는 방정식들인 '상미분 방정식'을 푸는 방법 중 하나다.

캐서린이 단언했던 오일러 방법의 신뢰도는 다소 논란의 여지가 있다. 왜 그런지 이해하기 위해서 우주 정복이나 물리학과 전혀 연관이 없는 예를 하나 들어 보려 한다. '로트카-볼테라' 모델, 또는 '포식자-피식자' 모델이라 부르는 모델이다. 생태학에서 연구되는 이 방법은 미분방정식을 사용해서 같은 환경을 공유하며 포식 관계에 있는 두 생물종의 개체수 변화를 수학적 모델링화한다. 알프레드 로트카(Alfred Lotka)는 1910년 화학적 반응 관련 연구에서 처음으로 이 모델을 사용했고, 이후 비토 볼테라(Vito Volterra)가 1920년대 집단생물학에서 이를 적용했다. 이 로트카-볼테라 모형을 캐나다 허드슨 만에 서식하는 북극토끼와 그의 포식자인 스라소니의 관계에 적용해 보겠다. 수리생물학자들의 머릿속에서 떠나지 않는 문제는 '북극토끼와 스라소니의 개체 수가 시간이 흐르면서 어떻게 변화할까?'다. 우리는 개체 수의 규모에서 어떤 순환 주기가 있을 것이라 예상할 수 있다. 실제로 스라소니의 수가 적을 때 북극토끼의 번식이 아주 빠르게 이뤄진다. 그리하여 먹잇감의 수가 증가하면 스라소니도 점점 더 수월하게 먹이를 먹고 개체 수도 점차 더 많아질 것이며, 이로 인해 북극토끼의 수는 줄어들게 되어 결국 스라소니의 개체 수도 줄어들 것이다. 그리고 나면 북극토끼의 수는 또다시 증가하는 등 이런 식으로 주기가 발생할 것이라 예상이 가능하다.

이러한 정보들을 방정식으로 옮겨 보자. 시간 t에 따른 북극토끼의 수를 $X(t)$, 스라소니의 수를 $Y(t)$라고 부르자. 개체 수는 천 단위로 주어지며 시간 단위는 연이다. 예컨대 $X(1) = 1.447$은 1년 후 북극토끼의 수가 1,447마리라는 의미다. 방정식을 세우기 위해서 우리는 무척 단순화된 조건을 세워놓고 변수의 개수를 제한하고자 한다.

먼저 우리는 북극토끼가 노화로 죽지 않으며 제약 없이 먹이를 먹을 수 있다는 가정을 세운다. 포식자의 존재를 잠시 잊는다면, 북극토끼의 개체 수 증가는 오로지 북극토끼 집단의 크기에만 영향을 받을 것이다. 예컨대 북극토끼의 수가 많을수록 결과적으로 북극토끼는 더 많이 번식한다('지수적' 증가를 의미). 수학적으로 북극토끼의 개체 수 증가는 함수 X의 '미분'을 사용해 계산된다. 시간에 따른 북극토끼의 개체 수 증가는 $X'(t)$로 쓰고 연간 태어나는 새로운 북극토끼의 수와 같다. 그러면 우리는 시간에 따른 북극토끼의 개체 수 증가가 북극토끼의 수와 비례한다는 가설을 세울 수 있겠다.

$$X'(t) = aX(t)$$

여기서 a는 북극토끼의 번식률이며, 이 비율은 일정한 것으로 가정한다.

하지만 이러한 지수적 증가는 포식자의 존재로 제한될 것이다.

스라소니와 북극토끼의 수가 많다면 이들의 숙명적인 만남은 더 빈번할 것이며, 결국 피식자의 증가에 제동이 걸릴 것이다. 따라서 빼야 할 개체 수는 북극토끼의 수와 스라소니의 수에 비례한다.

$$X'(t) = aX(t) - bX(t)Y(t)$$

여기서 b는 북극토끼가 스라소니에게 잡아먹힌 사망률이며, 이 비율은 일정한 것으로 가정한다.

스라소니 집단의 동역학은 스라소니 집단의 크기와 북극 토끼 집단의 크기에만 영향을 받는다고 가정한다. 이를테면 스라소니의 개체 수는 동종의 개체 수와 먹잇감의 수에 비례해 증가하고, 반대로 동종의 개체 수에 비례해 감소한다. 그러면 두 번째 방정식이 세워진다.

$$Y'(t) = cX(t)Y(t) - dY(t)$$

여기서 c는 북극토끼의 개체 수에 영향을 받은 스라소니의 번식률이며, d는 스라소니의 사망률이다. 이 두 비율은 일정한 것으로 가정한다.

이렇게 만든 미분방정식 2개가 로트카-볼테라 이론을 이루고 있다. 이 이론은 포식자-피식자 체계 변화를 모델링했는데, 그 방식이 너무 단순해서 생태학자의 심기를 건드릴 수 있을지 몰라도 우리 입장에서 충분하다.

수학적으로 포식자-피식자 모델을 검토하기 위해 우리도 이 모델을 더 많이 단순화하려 한다. 매개변수 a, b, c, d를 각각 0.5, 0.5, 0.25, 0.25라고 임의로 정해 놓고 북극토끼의 초기 개체 수를 1,200마리 정도, 스라소니의 수는 그의 2분의 1로 가정했다. 그렇게 해서 세운 로트카-볼테라 모델은 다음과 같다.

$$X'(t) = 0.5\,X(t) - 0.5\,X(t)Y(t)$$
$$Y'(t) = 0.25\,X(t)Y(t) - 0.25\,Y(t)$$
$$X(0) = 1.2 \ \ \text{그리고} \ \ Y(0) = 0.6$$

이제 우리는 이 방정식들을 풀어야 한다. 그러니까 북극토끼 개체 수 X와 스라소니 개체 수 Y의 시간에 따른 값을 밝혀내야 한다. 하지만 정확하게 이 방정식들을 풀 수 없다는 게 어려운 부분이다. 왜냐하면 이 두 함수에 대한 명확한 식이 없기 때문이다. 이 미분방정식의 이론은 그저 우리에게 명확하지 않은 해들이 존재함을 알려줄 뿐이다. 이렇게 명확하지 않은 해들은 연속적이고 주기적일 것이며, 이는 개체 수 크기의 변화가 시간 흘러도 동일하게 되풀이된다는 의미다. 무엇보다 포식자가 결코 피식자를 너무 많이 잡아먹지 않을 것이고 피식자의 개체 수가 시간이 흐르면서 일정 수준으로 한정될 것이라는 의미가 담겨 있다.

정확한 해가 존재하지 않는다는 사실을 받아들인다 하더라도 두 개체 수의 변화와 유사한 해를 찾아볼 수는 있다. 바로 이 지점에서 레온하르트 오일러와 그의 방법이 등장하는 것이다. 레온하르트 오일러의 생각은 다음과 같다. 시간의 한 '구간'을 정하고(6개월로 치고 시작하자), 함수의 미분, 여기서는 증가 속도가 6개월씩만 변화한다고 가정해 계산해 보는 것이다. 우리가 살펴본 예에서 X 함수와 Y 함수의 초기값은 X(0) = 1.2이고 Y(0) = 0.6으로 방정식은 아래와 같이 전개된다.

$$X'(0) = 0.5 \, X(0) - 0.5 \, X(0)Y(0)$$
$$= 0.5 \times 1.2 - 0.5 \times 1.2 \times 0.6$$
$$= 0.24$$

그리고

$$Y'(0) = 0.25 \, X(0)Y(0) - 0.25 \, Y(0)$$
$$= 0.25 \times 1.2 \times 0.6 - 0.25 \times 0.6$$
$$= 0.03$$

처음 6개월 동안 북극토끼는 연간 240마리의 토끼가 태어나는 속도로 증가하고, 스라소니는 연간 30마리가 태어나는 속도로 증가한다고 가정해 오일러 방법을 적용해 보자. 연간 240마리가 태어나므로 북극토끼의 수는 6개월 후 1,200마리에서 1,320마리로 늘어나고, 스라소니의 수는 600마리에서 615마리로 늘어난다. 그러면 시간 $t = 0.5$년에 X와 Y의 근사값이 나온다.

$$X(0.5) \approx 1.320 \quad \text{그리고} \quad Y(0.5) \approx 0.615$$

우리는 이제 X(0.5)의 근사값과 Y(0.5)의 근사값을 알고 있고, 그

다음 6개월 동안 증가한 개체 수로서 $X'(0.5)$의 근사값과 $Y'(0.5)$의 근사값을 밝혀내기 위한 과정을 반복할 수 있다. 로트카-볼테라 방정식에 데이터를 넣고 계산해 보면 $X'(0.5) \approx 0.254$ 그리고 $Y'(0.5) \approx 0.049$ 가 나온다. 이렇게 나온 값으로 이제 우리는 약 1년 후 두 종의 개체 수가 약 $X(1) \approx 1.447$ 그리고 $Y(1) \approx 0.640$이 된다는 사실을 알게 된다. 한 단계, 한 단계 계산을 이어 가면서 50여 단계를 지나면 30년에 걸쳐 포식자-피식자의 개체 수 변화를 추산한 값이 나올 것이다.

이러한 변동 곡선을 통해서 이론 모델이 유효하다는 것을 확인할 수 있다. 왜냐하면 북극토끼와 스라소니의 개체 수가 주기적인 변동을 보이기 때문이다. 변동 경로도 비슷해 스라소니의 개체 수가 북극토끼에 비해 3년 정도 늦은 변화를 겪는다. 하지만 북극토끼 개체 수의 정점은 해가 지날수록 점점 높아져서 개체 수의 한계점이 있어야 한다고 예상했던 이론과는 상반된다. 게다가 북극토끼 개체 수가 30년 후 급감한다는 사실을 발견하는데, 이는 방정식과 상충된다. 도출해 낸 방정식 계산을 구현하는 데 필요한 근사해들이 대략적으로 틀린 곡선에 도달했던 것이다. 그리하여 우리는 오일러 방법의 중대한 허점 하나를 방금 입증했다. 왜냐하면 구간별 계산이 이전 결과를 바탕으로 진행되었고 이전 결과들은 근사적 방식으로 얻었기 때문에 오류들이 단계마다 하나하나씩 축적될 수밖에 없었다. 이 불안정성 문제를 수정하기 위해서 단계마다 간격을 조금 더 작게 해야 할 필요가 있다. 6개월 대신 1개월 간격으로 설정하면 결과가

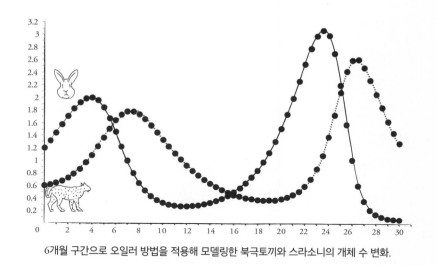

6개월 구간으로 오일러 방법을 적용해 모델링한 북극토끼와 스라소니의 개체 수 변화.

더 정확해지지만, 중간 계산 과정이 6배 더 많아진다.

　실제로 미분방정식을 해결하려 신뢰도가 낮은 오일러 방법만을 쓰는 과학자는 극히 드물다. 오히려 오일러 방법의 다양한 변형을 선호할 것이다. 오일러 방법은 캐서린 고블, 알 해리슨, 폴 스태포드

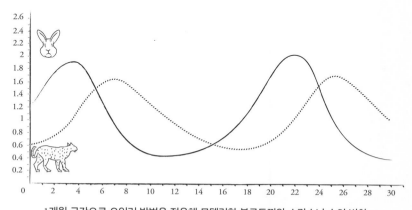

1개월 구간으로 오일러 방법을 적용해 모델링한 북극토끼와 스라소니 수의 변화.
이 변동 곡선은 더 많은 계산을 거쳐야 하지만 오류가 더 적다.

가 서로 주고받은 대사처럼 로켓의 경로를 계산하기 위해 실제로 적용될 수 없다. 다행스럽게도 영화는 곧바로 궤도를 수정했다. 왜냐하면 잠시 뒤 캐서린이 오일러 방법을 찾아보는 장면이 나오기 때문이다. 그 장면에서 캐서린은 책을 집어 변형된 오일러 방법을 자세히 설명하고 있는 페이지를 펼치는데, 우리는 그다음 페이지에 더 효율적인 방법(특히 '룽게-쿠타[Runge-Kutta]' 방법)이 있으리라 짐작할 수 있다. 덕분에 나는 그 누구도 이렇게 불확실한 계산으로 지구 궤도에 보내지 않았다는 점에 안도했다.

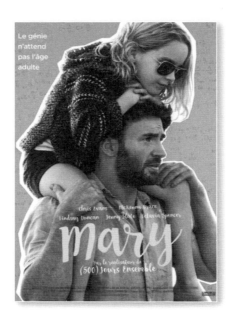

마크 웹 감독의 「어메이징 메리(2017년)」
출연: 맥케나 그레이스, 크리스 에반스, 린지 덩컨 등

2017년. 메리 애들러는 일곱 살 여자아이다. 메리가 생후 6개월이었을 때 그녀의 엄마는 스스로 목숨을 끊었고, 이후 메리는 삼촌 프랭크와 함께 미국 플로리다에 살고 있다. 평범한 여자아이와는 거리가 먼 메리는 뛰어난 재능을 보인다. 그녀의 엄마는 수학계 난제로 꼽히는 나비에-스토크스 방정식 문제 해결에 근접했을 정도의 천재 수학자였다. 삼촌과 함께 수년간 집에서 공부하며 지낸 메리는 초등학교에 들어갔고, 초등학교 교사 보니 스티븐슨의 눈에 띄게 된다. 스티븐슨은 프랭크에게 메리를 영재 학교에 보낼 것을 권하지만 프랭크는 메리가 여느 또래 아이들처럼 학교 수업을 듣기 원한다며 이를 거절했다. 메리의 외할머니 에블린 애들러는 이런 선택이 탐탁지 않아 메리의 양육권을 얻어 영재 학교에 보내기 위해 법적 다툼을 벌인다.

겨우 여덟 살에 밀레니엄 문제를
풀 수 있을까?

「어메이징 메리(Gifted)」를 연출한 마크 웹 감독은 스파이더맨 시리즈 중에서 대중에게 가장 인기가 없었던 두 편(2012년 개봉한 「어메이징 스파이더맨 1」과 2014년 개봉한 「어메이징 스파이더맨 2」) 그리고 아주 잘 만든 로맨틱 코미디 영화 「500일의 썸머(2009년)」— 이미 수를 즐겼던 — 감독이다. 또한 실패한 음악가가 주인공으로 등장하는 미국 드라마 「리미트리스」의 몇몇 에피소드를 맡았다. 이를테면 파일럿 에피소드에서 삼각법을 이야기하는 장면이 있다. 마크 웹은 항상 수학에 관심을 보였는데, 이런 모습이 놀랍지 않은 게 그의 아버지 노멀 롯 웹은 수학 교육 이론 연구자이다.

크레딧에는 영화의 수학 자문가로 네 명의 이름이 올라온다. 첫 번째 자문가 니콜라 브룸은 영화 촬영지이기도 했던 미국 사바나의 사립 중학교 세인트앤드루스 스쿨에서 근무하는 선생님이다. 그리고 러셀 카플리쉬는 뉴욕 대학교 수학과 학과장으로 나비에-스토크스 방정식에 대한 많은 논문을 발표했다. 필즈상 수상자인 캘리포니아 대학교 교수 테렌스 타오도 영화 제작에 참여했다. 마지막으로 미국 매디슨 시에 위치한 위스콘신 대학교 교수인 수학자 조던 엘렌버거도 영화 제작에 도움을 줬다. 그는 정수론 전문가일 뿐만 아니라 《뉴욕 타임즈》와 《월 스트리트 저널》에 수학 등 다양한 주제를 가지고 과학 칼럼을 꾸준히 기고하고 있다. 무엇보다 자신 역시 영재였던 조던 엘렌버거는 영재들의 진로 길잡이를 주제로 글을 썼는데, 이런 그의 활동을 보면 감독과 제작자가 시나리오 작업 동안 그를 왜 만났는지 설명된다. 엘렌버그는 영화 속 두 장면에 열정적으로 참여했다. 카메라 앞에서 교수로 등장해 라마누잔의 분할을 설명하는 수업하는 장면을 찍었고, 또 다른 하나는 메리가 대학교 수준의 중심 극한 정리 문제를 풀어야 하는 장면을 찍는 동안에 감독 옆에서 도움을 줬다.

트라첸버그 계산법

보니: "제 생각에는 메리가 영재인 것 같아요."

프랭크: "무슨 말씀이죠?"

보니: "네. 메리가 계산을 잘하는데, 그것도 유난히, 특히나⋯"

프랭크: "아니, 말도 안 돼요. 영재일 리가 없어요⋯."

보니: "⋯ 특히나 어려운 계산들 있죠, 일곱 살 아이라면 풀 수 없는 문

제들을…."

프랭크: "그건 트라첸버그 계산법이에요."

보니: "네?"

프랭스: "야콥 트라첸버그라는 사람이 강제 수용소에서 7년을 보냈어요. 그가 빠르게 암산하는 방법을 연구했는데, 그게… 트라첸버그 계산법이에요."

보니: "하지만 메리는 이제 일곱 살밖에 안 됐어요!"

프랭크: "저는 여덟 살 때 배웠어요. 제가 천재처럼 보이시나요? 계산기가 발명되면서 구식이 된 계산법이긴 해도 술집에서 내기할 때 써먹을 수 있죠. 오늘 일은 죄송합니다. 다신 그런 일이 없을 거예요."

메리의 담임 선생님 보니 스티븐슨과 메리의 삼촌 프랭크가 영화 초반에 나눈 대화다. 메리는 학기가 시작되자마자 눈에 띄지 않을 수 없었다. 다른 학생들은 1+1 같은 셈의 기본을 공부하고 있는데, 메리는 자신에게는 너무 쉬운 내용들에 경멸의 태도를 보였다. 놀란 담임 선생님은 점점 더 복잡한 문제를 내놓고 제 나이 또래가 풀 수 있는 수준 너머까지 메리를 시험한다. 메리는 $135 \times 57 = 7{,}695$, $\sqrt{7695} = 87.7$ 등처럼 복잡한 계산을 상대적으로 빠르게 머릿속에서 할 수 있다는 것을 보여 주었다. 여기서 영화는 암산에 뛰어난 수학 천재라는 진부한 설정을 넣는다. 실제로 암산을 잘하는 수학자는 극히 드문데 말이다. 그렇지만 이 영화의 장점은 메리의 계산이 성공하는 것에서 끝나지 않고 트라첸버그 계산법에 대한 설명을 제공했다는 데 있다. 프랭크가 설명했듯이 트라첸버그 계산법은 엔지니어였던 유대인 야콥 트라첸버그가 작센하우젠 수용소에서 1938년부터 오랜 기간 지내면서 미치지 않기 위해 개발했던 암산법이다.

더 자세히 설명하자면, 트라첸버그 계산법으로 제시된 정수의 자릿수가 길든 짧든 상관없이 3, 4, 5, 6, 7, 8, 9, 10, 11, 12, 13의 곱을 계산할 수 있다. 모든 사람이 트라첸버그 계산법의 가장 간단한 방법(트라첸버그 계산법을 모르지만)을 알고 있다. 어느 숫자에 10을 곱하려면 오른쪽에 0을 덧붙이면 된다는 방법이다. 다른 승수에도 유사한 규칙이 존재한다.

이를테면, 어떤 수에 5를 곱할 때 트라첸버그의 규칙은 다음과 같다. '피승수에서 각 자리의 숫자를 2로 나눈 값에서 소수점 이하를 떼어 내고 왼쪽 자리에 있는 숫자가 홀수이면 5를 더한다. 마지막으로 끝자리 숫자의 홀짝에 따라 0이나 5(짝수일 경우 0, 홀수일 경우 5)를 오른쪽에 붙이면 끝난다.'

이 규칙을 8,316 × 5에 적용해 보자(피승수, 즉 곱할 때 처음 나오는 수이며 여기서는 8,316이다).

- 피승수의 첫 번째 숫자는 8이다. 따라서 곱셈 값의 첫 번째 숫자는 8 ÷ 2 = 4일 것이다.
- 두 번째 숫자는 3이다. 그러면 곱의 두 번째 숫자는 3 ÷ 2 = 1일 것이다. 왜냐하면 소수점 아래 자리는 떼어 내기 때문이다.

- 세 번째 숫자는 1이다. 그런데 이 숫자의 왼쪽에 홀수 1이 나왔으므로 2를 나눈 값에 5를 더해야 한다. 그러면 세 번째 숫자는 $1 \div 2 + 5 = 5$이다.
- 마지막 숫자는 6이며, 이 숫자의 왼쪽에 홀수가 있다. 곱셈 값의 네 번째 숫자는 $6 \div 2 + 5 = 8$이다.
- 피승수의 끝자리가 짝수인 6이므로 곱의 값에서 맨 뒷자리에 0을 붙인다.

정리하면, 트라첸버그 규칙을 사용해 우리는 $8{,}316 \times 5 = 41{,}580$임을 확인할 수 있다. 13보다 더 큰 승수(영화에서 메리가 계산했던 57처럼)의 경우, 트라첸버그는 분해하는 방법을 제시했다. $57 = 5 \times 10 + 7$이기 때문에 곱셈 135×57을 $135 \times 5 \times 10$과 135×7을 각각 계산해 두 값을 더하는 방식으로 계산할 수 있다.

하지만 어떤 트라첸버그 계산법으로도 제곱근을 암산으로 계산할 수 없다. 따라서 메리가 $\sqrt{7695} = 87.7$로 계산할 때 트라첸버그 계산법을 쓰지 않았다. 프랭크는 메리가 이 방법만을 썼다고 단언하면서 사람들이 조카에게 너무 많은 관심을 갖지 않길 바라며 조카의 능력을 최소화시키려 애썼다.

라마누잔의 합동

교수: "p(n)을 계산할 때 n이 법 5에 대해 4와 합동이라 하면 답은 5의 배수라는 것을 발견할 수 있죠. 처음 이를 발견했던 인물이 스리니바사 라마누잔이에요. 20세기 초, 라마누잔은 법 5에 대해 4와 합동인 모든 수를 증명했어요. 그러니깐 p(5n + 4)는 법 5에 대해 0과 합동임을 증명했고, 또 p(11n + 6)이 법 11에 대해 0과 합동임을 증명했고요."

상당히 짧은 이 장면은 영화 마지막 부분에 나온다. 영화의 주요 자문가인 조던 엘렌버그가 분한 대학 교수는 수학 수준이 제법 높은 수업을 학생들에게 가르치고 있는데, 여기에 메리가 수업을 듣고 있다. 감독 마크 웹은 원하는 주제로 가르칠 수 있도록 조던 엘렌버그에게 강의 내용을 전적으로 맡겼다. 엘렌버그는 수업 주제로 스리니바사 라마누잔의 여러 발견 가운데 하나인 라마누잔의 합동(「무한대를 본 남자」에서는 언급되지 않은 내용)을 골랐다. 스리니바사 라

이 영화의 자문가인 조던 엘렌버그가 대학 교수로 짧게 등장했다.

마누잔은 독학한 젊은 수학 천재에 있어 빠질 수 없는 인물로, 영재를 소재로 다루는 이 영화의 한 장면을 통해 우회적으로 그의 이름이 언급된 것은 우연이 아니다.

라마누잔의 합동을 설명하려면 정수 n의 분할수, 즉 정수 n을 n보다 더 작은 양의 정수들의 합으로 표현하는 방법의 가짓수 $p(n)$에 대해 다시 이야기해야 한다. 이 분할수에 대한 내용은 4장에서 확인할 수 있다.

라마누잔은 자신을 유명하게 만든 분할수에 대한 공식을 발견하고 몇 년이 지난 1919년에도 같은 주제에 여전히 관심을 가지고 있었다. 맥마흔 소령이 계산했던 $p(n)$ 표를 검증하면서 라마누잔은 $p(14) = 135$와 $p(19) = 490$임을 발견했다. 그리고 예상치 못한 이러한 특성을 두고 4 또는 9로 끝나는 모든 정수의 분할수가 5의 배수일 것으로 추측했다. 즉 다섯 번째마다 있는 정수 n에 있어 $p(n)$의 분할수가 5의 배수일 것이라는 의미다. 더 수학적으로 영화에서 쓴 단어를 사용해 표현하자면, $p(n)$은 '법 5에 대해 0과 합동'이며 이는 유클리드 나눗셈에서 $p(n)$을 5로 나눌 때 나머지가 0과 같다는 의미다. 더 일반적으로 설명하면, '합동'이라는 단어는 수들의 가분성에 있어 상대적인 특성을 의미한다.

라마누잔의 발견은 여기서 멈추지 않았다. 그는 일곱 번째마다 있는 정수의 분할수가 7의 배수이고, 열한 번째마다 있는 정수의 분할수는 11의 배수임을 알아냈다. 그리고 이게 끝이다. 열세 번째마다, 열일곱 번째마다, 열아홉 번째마다 있는 정수의 분할 수에는 이러한 특성이 없고, 다른 소수에서도 아예 없는 것으로 보인다. 라마누잔은 1919년 법 5와 법 7에 대한 합동에서 항상 참인 특성을 증명하는 데 성공했지만, 법 11에 대한 합동을 증명하지 못했다. 그리고 라마누잔이 세상을 떠나고 몇 달밖에 지나 하디는 단 한 번도 발표된 적 없는 라마누잔의 노트에서 법 11에 의한 합동식이 참임을 증명한 글을 발견했다.

중심 극한 정리

메리: "갑자기 왜 화를 내요?"

에블리: "화를 낸 게 아니야. 짜증이 난 거야. 너 때문이 아니고, 그 잘난 척하는 놈 때문이지."

메리: "수염 기른 사람이 말이죠? 전에 마주친 적 있어요. 수학 교수들은 수염을 좋아해요."

에블린: "너를 데리고 가지 말았어야 했어. 생클랜드는 정말 네가 그렇게 복잡한 문제를 단번에 분석할 수 있기를 바랬던 걸까?"

메리: "내가 보기엔 별로 분석할 게 없는 문제였어요."

에블린: "왜? 왜 그렇게 생각해?"

메리: "오류가 하나 있었거든요."

에브린: "뭐?"

메리: "첫 번째 오류는 지수 앞에 '마이너스' 기호가 빠졌어요. 거기서부터 모든 오류가 시작된 거예요. 풀 수 없는 문제였어요. 아마 그 학교는 할머니가 생각하는 것만큼 훌륭하지 않을 거예요."

이 대화는 엘렌버그가 적극적으로 참여했던 두 번째 장면이다. 메리의 할머니 에블린은 옥스 영재 학교의 교장이자 MIT의 수학과 학과장 세이모어 생클랜드에게 손녀 메리의 능력을 테스트하기 위해서 데리고 갔다. 메리는 문제를 풀 수 없는 듯한 분위기로 문제 앞에서 가만히 있었다. 그 문제는 다음과 같다.

다음을 증명하시오.
$$\int_{-\infty}^{+\infty} e^{x^2/2\sigma^2} dx = \sqrt{2\pi}\,\sigma$$

수학을 엄청 잘하는 관객들만이 이상한 낌새를 감지할 것이다. 칠판에 적힌 공식에는 메리가 완벽하게 알아차렸던 오류가 있다. 메리는 문제 풀이를 시작하지 않는데, 그 이유는 삼촌이 메리에게 항상 '어른들 앞에서 오류를 바로잡지 말라'고 신신당부했기 때문이다. 그 사실을 알게 된 에블린은 메리를 다시 칠판 앞으로 데리고 갔다. 그리고 메리는 누락된 마이너스 기호와 절댓값 기호인 세로줄 두 개를 추가해 방정식을 고쳤다.

다음을 증명하시오.
$$\int_{-\infty}^{+\infty} e^{-x^2/2\sigma^2} dx = \sqrt{2\pi}\,|\sigma|$$

두 오류를 고치면서 메리는 자신이 재능이 어느 정도이며 자신이 학습받은 교육 수준이 어느 정도인지를 보여 주었다. 이를 이해하기 위해서 생클랜드가 낸 문제를 조금 더 자세히 살펴볼 필요가 있다.

메리는 옥스 영재 학교의 교장이 낸 문제의 오류를 짚어 내면서 깊은 인상을 남겼다.

사실 이 문제는 꽤 고전이다. 수학과 학생이라면 누구나 적어도 한 번쯤은 수업 중에 마주친 적이 있을 정도다. 바로 적분 계산(기호 $\int$가 적분을 표시)과 관련된 문제인데, 곡선 아래의 면적을 구하는 것이다. 문제의 곡선은 항 $e^{-x^2/2\sigma^2}$이 포함된 방정식으로 표현된다. 정규 분포를 나타내는 곡선으로 가우스 분포로 부르기도 하며, 이따금 상대적으로 덜 공식적인 자리에서는 '종 곡선'이라 부르기도 한다. 우리가 확률론, 특히 확률론에서도 중요한 정리에 속하는 중심 극한 정리를 배울 때 빠질 수 없는 곡선이다. 중심 극한 정리는 불확실한 실험을 똑같이 엄청나게 많이 반복하다 보면 무작위로 추출된 표본에서 규칙성이 존재한다는 내용이다. 가령 이 정리를 적용해 우리가 동전 뒤집기를 아주 여러 번 시도해서 '뒷면'이 나올 횟수를 추산할 수 있다. 10,000번 동전을 던지는 경우에 뒷면이 나오는 횟수는 아주 낮은 오차 범위($< 5\%$)로 4,900번에서 5,100번 사이임을 확인할 수 있다. 5,000번이 훨씬 넘는 결과가 나올 확률은 극히 낮다.

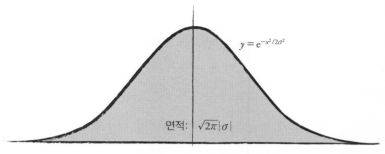

면적: $\sqrt{2\pi}|\sigma|$

$y = e^{-x^2/2\sigma^2}$

가우스의 '종 곡선'이다. 이 곡선 아래의 면적을 계산할 수 있다.

정규 분포 곡선 아래의 면적은 아주 정확하게[20] $\sqrt{2\pi}|\sigma|$다. 함수의 지수에서 마이너스 기호를 빼면, 곡선 아래의 면적은 무한대가 되므로 이러한 수학 개념을 알고 있는 사람이라면 누구든지 이 수식에서 마이너스 기호가 없다는 것을 눈치챌 것이다. 영화가 흘러가면서 우리는 메리가 또래 수준에 비해 상당히 어려운 수학 책을 읽고 있는 모습을 볼 수 있기에 이런 오류를 짚어 내는 모습이 놀랍

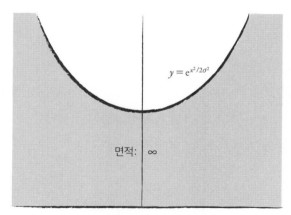

면적: ∞

$y = e^{x^2/2\sigma^2}$

만약 가우스 분포를 표현하는 수식에서 '마이너스(−)' 기호가 생략된다면,
곡선 아래의 면적은 무한대가 된다.

지 않다.

메리가 수정한 다른 오류는 더 복잡하다. 함수식에서 나오는 계수 σ(시그마)는 종 곡선이 어느 정도 평평한지를 나타낸다. 가우스 함수가 나타나는 구체적인 상황에서 이 계수는 통계 표본에서 값들의 산포도를 측정하는 표준 편차의 개념과 일치한다. 그런데 표준 편차는 항상 양수이기 때문에 이를 정확히 표시하지 않는 (나쁜) 습관을 종종 갖곤 한다. 하지만 메리는 이런 내용을 모르고 있다. 이러한 수학적 교양을 충분히 쌓기에 아직 어린 나이이므로 메리는 공식에서 계수 σ의 양옆에 절댓값을 의미하는 세로선을 덧붙인다. 이 작은 행동을 통해, 영화는 메리가 수학 개념에 있어 뛰어난 직관을 타고났지만, 풀어야 할 문제들을 맥락에 맞게 다시 정리하는 경험이 부족하다는 것을 보여 준다.

문제를 수정한 다음 메리는 생클랜드의 평가하는 시선을 받으며 공식에 대한 증명을 적어 내려간다. 증명은 자명한 개념과는 거리가 먼 학부 수준의 적분법 개념을 토대로 하지만, 그렇다고 해서 해결할 수 없는 수준도 아니다. 무엇보다 메리 역을 맡은 배우 맥케나 그레이스의 글씨체로 인해 해독하기 어렵지만, 표 자체는 정확해 보이는 것으로 추측된다. 초등학교 1학년 여자아이가 쓸 법한 현실적인 글씨체였다.

나비에-스토크스 방정식

메리: "내가 공부해야 되는 이 문제는 뭐예요?"

에블린: "할머니도 모르겠어."

메리: "엄마가 연구했던 문제들과 같은 건가요?"

에블린: "네 엄마는 문제들을 연구하지 않았어. 단 한 가지 문제만 연구했지."

메리: "단 하나…. 평생 말이죠?"

에블린: "거의 그랬지."

(두 사람은 어느 벽 앞에 멈춘다. 벽에는 액자판 7개가 걸려 있는데, 그중 하나에만 한 남성의 초상화가 있다.)

에블린: "봐봐. 이건 밀레니엄 문제야. 큰 상금이 걸린 7개의 위대한 도전이지. 이 문제들을 푸는 데 자신의 인생을 보낸 수학자들도 있어."

메리: "수염 기른 저 아저씨는 누구예요?"

에블린: "평범한 아저씨가 아니야. 그리고리 페렐만. 저 사람이 푸앵카레 추측을 증명했어. 일곱 문제 중에서 해결된 유일한 문제야. 여기… 이거, 이게 네 엄마가 연구했던 문제야."

메리: "나…비에…"

에블린: "나비에-스토크스."

메리: "초상화가 없네요. 엄마는 이 문제를 못 풀었어요?"

에블린: "응. 거의 다 왔었는데. 네 엄마가 필즈상을 받았을지도 몰라. 어쩌면 노벨상도, 물리학에 큰 영향을 줄 수도 있는 문제라서."

메리: "내 초상화가 이 벽에 걸리는 날이 오면 좋겠어요."

에블린: "정말 네가 그걸 바란다면, 너는 그렇게 할 수 있을 거야, 할머니가 있는 힘껏 너를 도와줄게. 그 일은 많은 집중과 노력이 필요하지만 네가 성공한다면 네 이름은 역사에 남게 될 거야."

먼저 세상을 떠난 메리의 엄마가 연구했던 문제는 영화 내내 언급되며 이야기의 중심에 있다. 영화에서 정확하게 그 문제를 설명하지 않아서 관객들은 '나비에-스토크스 방정식의 해결'에 대한 이야기라는 것만 알고 있을 뿐이다. 메리의 엄마가 노트에 적은 방정식 몇 개만 겨우 보일 뿐 맥락을 파악하기란 불가능하다. 그저 수학에서 가장 중요한 문제로 손꼽히고, 이 문제가 해결되면 물리학계에 중대한 영향을 미칠 수 있다는 정보만 제공되었다. 리만 가설처럼, 해결한 사람은 100만 달러의 상금을 받는 수학적 추측인 밀레니엄 문제에 속한다. 지금까지 7개의 문제 중에서 단 1개, 푸앵카레 추측만이 해결되었다. 이 문제를 해결해 낸 수학자 그리고리 페렐만은 상을 거절했다. 그는 대학교 연구를 그만두고 싶어 했으며 이후

7개의 밀레니엄 문제 중에서 지금까지 해결된 문제는 단 하나다.

256   어메이징 메리

칩거하며 지내고 있다.

나비에-스토크스 방정식은 유체의 운동과 관련된 방정식이다. 수세기 동안 유체 운동의 특성을 알아내려 물리학자들이 무척 노력했지만 정복하기 힘들었다. 1757년 레온하르트 오일러는 유체의 흐름을 다룬 방정식을 세웠다. 그로부터 60년이 지나 프랑스 학자 앙리 나비에(1785~1836년)가 이 방정식을 연구하고 다듬었으며, 이후 20년이 더 지나서 영국 물리학자 조지 스토크스(1819~1903년)가 또다시 이 방정식을 손질하면서 지금 우리가 알고 있는 방정식에 이르게 되었다.

이 방정식은 어떤 형태일까? 방정식을 쓰고 내용을 설명하기에 앞서 몇 가지 알고 있어야 하는 개념들이 있다. 1687년 아이작 뉴턴은 그 유명한 운동 법칙을 발표했다. 뉴턴의 두 번째 법칙은 관성 좌표계에서 일정한 질량(m)을 가진 물체의 가속도($\vec{a}$로 표시)는 물체에 작용하는 합력($\Sigma\vec{f}$)에 비례한다는 동역학의 기본 원리에 해당한다. 이를 방정식으로 표현하면 다음과 같다.

$$m \times \vec{a} = \Sigma\vec{f}$$

구체적인 경우에서 방정식을 구하는 것은 대개 복잡하지 않다. 이를테면 떨어지는 공의 경로를 계산하고 어떤 물체가 다른 물체의 주변을 도는 움직임을 표현하여, 베일에 싸인 역학과 관련된 다른 문제들을 이 방정식을 사용해 풀 수 있다. 그런데 액체와 기체 등의 유체에 뉴턴의 두 번째 법칙을 적용하려 할 때, 우리는 상황이 한도

끝도 없이 더 복잡해질 것 같은 느낌을 받는다. 만약 내가 유리잔에 담긴 물을 엎지른다면, 물은 유리잔을 따라 흐르기 시작하다가 유리잔에서 벗어나 분출하는 형태로 바닥으로 떨어진다. 그런 다음, 분출된 물이 충격 지점에서 물방울로 갈라지면서 주변으로 튀겨 결국 바닥에 물웅덩이가 만들어진다. 이렇게 물이 쏟아지는 일련의 과정은 공의 움직임을 계산하는 것과 다르게 하나의 질점(material point) 경로로 표현될 수 없다.

그렇다면 한 번 휘저은 찻잔 속 찻물의 움직임처럼 유체의 움직임을 어떻게 표현할 수 있을까? 첫 번째 접근은 음료의 입자 각각의 경로를 표현하는 방법일 것이다. 여기서 '입자'는 중간보기적(mesoscopic) 단계에서 유체의 기본 부피를 일컬으며, 중간보기적 단계는 연구되는 크기가 단발성으로 여겨질 수 있을 정도로 충분히 작은 크기와 다른 한편으로는 지속적인 것으로 여겨질 수 있을 정도로 충분히 큰 크기의 사이를 의미한다. 이 휘저은 찻물의 운동에서처럼 유체의 경로들은 원 모양이다. 두 번째 접근은 방정식을 세우는 데 더 적합하다. 찻잔 안에서 모든 점으로 나타나 일어나는 일, 무엇보다 찻물의 속도를 각각의 점으로 본다는 부분에서 더 흥미롭다.

벡터(아래 그림에서 화살표 한 개에 해당)로 표현될 수 있는 이 찻물의 속도는 화살표의 방향이 유체의 회전 방향을 가리키고 화살표의 길이가 속도에 비례한다. 이렇게 해서, 시간에 따라 변하고, 속도 벡터를 점으로 표현한 '속도 벡터장'을 통해서 유체의 운동이 모델링될 수 있다. 그리고 이 '속도 벡터장은 $\vec{v}$로 쓴다.

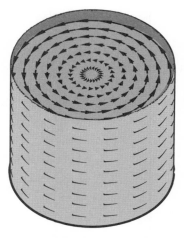

찻물 입자들의 움직임은 벡터장에 의해 모델링될 수 있다.
여기서 벡터장은 입자들의 속도와 방향을 매 순간으로 표현한 정보다.

나비에-스토크스 방정식은 이렇게 유체에 적용되는 뉴턴의 두 번째 운동 법칙과 관련 있으며, 이 속도 벡터장이 포함된다. 질량 대신에 유체의 밀도(ρ로 표시)가 들어간다. 또한 우리가 미분법의 미묘한 특성을 잘 다룬다면 수학 언어로 유체의 가속도 식을 표현해 넣을 수 있다('$\partial \vec{v}/\partial t + (\vec{v}\cdot\vec{\nabla})\,\vec{v}$'라고 표현). 마지막으로 힘에 있어 압력($-\vec{\nabla}p$), 점성($\mu\Delta\vec{v}$)이 포함되고, 경우에 따라서는 유리잔에서 나온 물을 막는 힘이나 중력 등과 같은 또 다른 힘($\vec{f}$)도 함께 들어간다. 그러면 방정식이 조금은 더…친근해진다.

$$\varrho\left(\frac{\partial \vec{v}}{\partial t} + (\vec{v}\cdot\vec{\nabla})\,\vec{v}\right) = -\vec{\nabla}p + \mu\Delta\vec{v} + \vec{f}$$

이것이 바로 나비에-스토크스 문제의 주요 방정식이다. 플라스크 병에 흐르는 꿀의 움직임과 비행기 날개 주변의 공기의 흐름을 다룬다. 이 방정식은 '$\vec{\nabla} \vec{v} = 0$'라는 방정식을 수반한다. 이는 유체가 비압축성임을 나타내며, 여기서 비압축성이란 압력의 크기와 상관없이 유체의 부피가 일정함을 의미한다(비현실적인 조건이지만, 유체는 어느 정도 압축될 수 있기 때문에 이러한 단순화는 많은 곳에 적용하기에 합리적이다).

이 속도 벡터장 $\vec{v}$은 나비에-스토크스 방정식에서 미지수다. 그리고 시간과 공간을 변수로 갖는 함수의 문제다. 따라서 방정식을 푼다는 것은 문제의 매개 변수들을 알고 있을 때 미지 함수 $\vec{v}$를 밝혀내는 것을 의미한다. 여기서 매개 변수들은 유체의 밀도 ρ와 점성 μ, 작용하는 외부 힘 $\vec{f}$과 초기 조건, 즉 시간 $t = 0$에서 벡터장 값이다. 여러 변수를 가진 함수가 미지수인 이와 같은 방정식을 편미분 방정식(partial differential equation, 줄여서 'PDE')이라 부르며, 나비에-스토크스 방정식이 편미분 방정식의 여왕이나 다름없다.

안타깝게도 아주 드문 경우를 제외하고 해석적으로 나비에-스토크스 방정식의 해를 구할 수 없다. 이 말인 즉, 방정식을 증명하는 속도 벡터에 대한 공식을 찾는 게 불가능하다는 의미다. 게다가 근사식들을 찾는 것조차 어렵다. 그렇다면 이 밀레니엄 문제에서 정확하게 무엇을 해결해야 할까?

이론상 아주 간단하다. 적어도 '타당한' 초기 조건이라면 무엇이든 간에 항상 해를 가지는 방정식인지를 보여 주기만 하면 된다. 따라서 우리는 방정식의 해가 어떻게 생겼는지 찾는 게 아니라 '단순히' 해가 정말 존재한다는 사실을 증명하기만 하면 된다. 그리고 만약 해가 있다면, 이 해의 유일성과 안정성을 보여 줘야 할 것이다. 초기 조건의 작은 변동만으로도 해에 작은 변화가 일어날 때, 편미분 방정식의 해가 안정적이라고 말한다. 이러한 특성은 유체의 흐름을 수치적 시뮬레이션하기 위해서 반드시 필요하다. 모델링하려는 대상에 대한 모든 매개 변수를 한없이 정확하게 알아내는 게 불가능하기 때문에 초기 조건에서 근사를 작게 적용하더라도 최종 결과에서 대략 거짓이 발생하지 않음을 보장하는 게 중요하다. 편미분 방정식이 해들의 존재성, 유일성, 안정성을 증명할 때, '타당한(well-posed) 문제'라고 한다. 나비에-스토크스 방정식에서 문제는 바로 타당한 문제임을 보여 주는 것이다. 그리고 이를 증명한다면 100만 달러를 상금으로 받게 될 것이다.

현재 이 문제가 타당한 문제임을 공식적으로 증명할 수 없지만, 방정식들은 일상에서 수치적 시뮬레이션을 만들어 내기 위해 사용된다. 혈액 순환에 대한 시뮬레이션, 자동차 차체 또는 비행기의 날개 주변 공기의 움직임, 애니메이션 영화에서 실물보다 더 진짜 같은 파도를 만드는 일 등등에서 방정식이 적용되므로 나비에-스토크스 방정식을 버릴 수 없다.

이처럼 아직까지 해결되지 않은 나비에-스토크스 방정식에서 해의 존재성 증명은 물리학과 수학에 모두 혁명이 될 것이다. 또한 유체 역학에서 파급력은 어마어마할 것이다. 이를 위해 만들어진 수학적 도구들은 아마도 새로운 연구의 장을 열 게 분명하다. 이런 문제의 유형은 세상을 바꿀 수 있다. 그래서 시나리오 작가가 이 문제를 영화에 등장시킨 것이다.

이 문제 해결을 위해서 이미 많은 진전이 있었다. 무엇보다 1960년대 이후로는 2차원에서 문제가 타당하다는 사실을 알게 되었지만, 3차원에서는 아직 해결되지 않았다. 그러나 1930년대부터 프랑스 수학자 장 르레(1906~1998년)의 연구를 통해서 해로 기대되는 것에 대한 정의를 살짝 바꾼다는 조건에서 방정식의 해가 항상 존재함을 알게 되었다. 그 이후, 영화 「어메이징 메리」의 자문가인 수학자 테렌스 타오가 2016년 고무적인 결과를 발표한 바 있다.

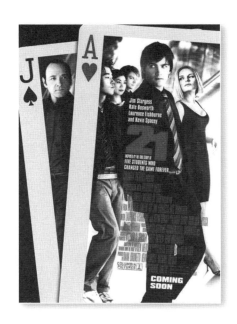

로버트 루케틱 감독의 「21(2008년)」
출연: 짐 스터게스, 케빈 스페이시, 케이스 보스워스,
로렌스 피시번 등

벤 켐벨은 MIT에서 수학을 공부하고 있다. 명석한 학생인 벤은 명문 하버드 의과 대학으로의 입학을 꿈꿨지만 입학금 300,000달러가 없어 그 꿈이 좌절되었다. 다행히도 그에게 기회가 온다. 비선형 방정식을 가르치는 미키 로사 교수의 눈에 띄면서 블랙잭 팀에 합류를 제안받는다. 팀의 멤버들은 주말마다 라스베이거스에 있는 카지노에서 시간을 보내는데, 그곳에서 카드를 계산해 거액의 돈을 따는 전략을 실제로 적용해 본다. 하지만 얼마 지나지 않아 그들은 카지노의 보안 요원 팀장인 콜 윌리엄스의 시선을 끌게 된다.

카드 카운팅은 카지노에서
불법인가요?

영화 「21」은 MIT 블랙잭 팀의 실화를 그린 벤 메즈리치의 소설 『MIT 수학 천재들의 라스베이거스 무너뜨리기』를 원작으로 한다. 1980년대부터 2000년대까지 MIT와 하버드 학생들이 블랙잭 카드 게임으로 돈을 벌기 위해서 카드 카운팅을 능수능란하게 사용한 이야기를 다뤘다. 이 실화는 캐나다의 피에르 길 감독이 연출한 프랑스어 캐나다 영화 「더 라스트 카지노(2004년)」, 미국 드라마 「넘버스」(2006년 첫 방송된 시즌 2의 13화 '카드 아래')의 소재가 되기도 했다.

영화 「21」의 주인공 벤 캠벨은 실제 MIT 재학 시절 블랙잭으로 큰돈을 벌었던 제프 마를 모티브로 만든 인물이다. 실제로 블랙잭 팀에서 마를 포함한 여러 멤버들이 카지노 딜러 역할로 출현했고, 이들은 이런 카메오 역할 외에도 영화에 대한 자문을 했다. 이를테면 블랙잭 멤버인 카일 모리스는 배우들에게 게임의 규칙과 승리 전략을 설명하는 일을 맡았다.

몬티 홀 문제

미키: "좋아, 그럼. 벤에게 보너스를 가져갈 기회를 줘야겠군. 도전? 이 문제 명칭은 TV 게임 쇼 진행자의 이름에서 따왔어. 벤, 자네는 TV 게임 쇼에 출연했어. 진행자가 문 3개 중에서 1개 고를 기회를 줬어, 알겠지? 3개의 문 뒤에는 신형 자동차 한 대, 염소 두 마리가 있어. 어떤 문을 고를 건가, 벤?"

벤: "1번 문?"

미키: "벤은 1번 문을 선택했군, 그리고 덧붙여 말하자면 게임 진행자는 3개의 문 뒤에 각각 무엇이 있는지 알고 있고, 3개의 문 중에서 다른 하나를 진행자 본인이 골라서 열 거야. 이를테면 진행자가 뒤에 염소가 있는 3번 문을 고르는 식이지. 좋아. 벤… 진행자가 다가와서 '벤, 당신은 1번 문 선택을 유지하겠습니까? 아니면 2번 문으로 바꾸겠습니까?'라고 묻지. 그렇다면, 선택을 바꿀 건가?"

벤: "네."

미키: "잠깐만. 다시 말하자면, 진행자는 자동차가 어디 있는지 알고 있어. 그러면 진행자가 장난치는 게 아니라는걸, 그러니깐 네가 염소를 고르게끔 자네를 불안하게 만들려는 게 아니라는 걸 어떻게 확신할 수 있지?" […]

벤: "그건, 진행자가 제게 문을 고르라고 했을 때, 제가 자동차를 고를 확률은 33.3%이에요. 하지만 진행자가 문 하나를 열고 제게 다시 고를 건지 물어볼 때 제가 선택을 바꾼다면 그 확률이 66.7%가 되죠. 그러니 2번 문으로 바꿀 거예요. 보너스 33.3%를 줘서 고맙죠."

> **미키:** "정확해! 그걸 기억해. 만약 네가 어떤 문을 열지 모르겠다면, 변수들의 변화를 항상 생각해. 사람들 대부분은 편집증, 두려움, 감정 때문에 선택을 바꾸길 거부하지. 하지만 미스터 캠벨은 그런 감정을 한쪽에 두고 멋진 새 차를 타기 위해서 수학에 운명을 맡겼어!"

1959년, 작가 마틴 가드너가 미국 과학 잡지 《사이언티픽 아메리칸》에 매달 기고하는 칼럼에서 반직관적인 답을 가진 '세 명의 죄수' 문제를 냈다. 이 문제는 확률론에서 빼놓을 수 없는 문제의 첫 번째 버전이다. 1990년에 미국 잡지 《퍼레이드》의 '매릴린에게 물어보세요' 코너에서 이 문제가 현대적인 버전으로 다듬어져 다시 나왔다. 독자들은 매릴린 보스 사번트에게 논리 문제나 수학 문제를 묻는다. 그녀는 작가이자 기자이며 세계에서 가장 지능지수가 높은 사람으로 1980년대 기네스북에 올랐던 인물이었다. 오늘날 '몬티 홀 문제'로 알려진 이 질문은 몬티 홀이 1963년부터 1986년까지 진행했던 미국 TV 게임 쇼 「렛 츠 메이크 어 딜」에서 영감을 받아 만들어졌다 (프랑스에서는 1998년부터 2004년까지 뱅상 라가프가 진행을 맡아 「빅딜」이라는 이름으로 방영되기도 했다). 이 게임에서 참가자들은 한 가지 딜레마에 빠진다. 자신의 선물을 지킬 것인가, 아니면 커튼 뒤로 숨은 미지의 물건과 맞바꿀 것인가?

매릴린이 받은 몬티 홀 문제는 다음과 같다. 당신은 TV 게임 쇼의 참가자이며 최종 단계까지 올라갔다. 당신 앞에는 3개의 문이 있다. 2개의 문 뒤에는 염소가 있고, 하나는 자동차 한 대가 있다. 물

미키 로사는 몬티 홀 문제를 내 학생들을 시험해 본다. 뒤로 보이는 칠판에 적힌 내용을 통해서 일부 방정식의 근사해를 계산할 수 있는 수치적 방법인 뉴턴-랩슨법에 대한 수업임을 알아볼 수 있다.

론 당신은 염소가 아닌 자동차를 얻고 싶다. 문 하나를 고르면 그 문 뒤에 있는 것을 가질 수 있다. 다음 순서에 따라 문을 선택하게 될 것이다.

- 1단계: 문 하나를 고른다.
- 2단계: 당신이 선택하지 않은 문 하나를 진행자가 연다. 그 문 뒤에서 염소 한 마리가 나왔다(진행자는 3개의 문 뒤에 각각 무엇이 있는지 알고 있다).
- 3단계: 그리고 나서 당신의 선택을 바꿀지 유지할지 결정한 다음, 최종 선택한 문 뒤에 있는 상품을 가져간다.

문제는 다음과 같다. 3단계에서 선택을 바꾸는 게 나을까? 2개의 문만 남아 있는 단계에서 좋은 선택을 할 확률은 $\frac{1}{2}$이고 선택을 바꾸는 행동이 자동차를 상품으로 탈 확률에 조금도 영향을 주지 않으리라 생각하는 건 잘못된 추론이다. 이런 생각은 틀렸다. 문을 바꾸면서 자동차를 탈 확률이 33%에서 67%로 올라가기 때문이다! 이 기회를 최대화하려면 3단계에서 처음 선택을 바꿔야 한다.

왜 확률이 변하는지 이해하기 위해서 진행자가 2단계에서 염소를 보여 줄 때 무슨 일이 일어나는지 분석해야 한다. 우리가 1단계에서 고른 문이 염소가 숨겨진 문으로 잘못된 선택을 한 경우에 진행자가 베일을 벗길 문은 딱 하나밖에 없다. 진행자가 열어 볼 문은 두 번째 염소가 있는 문으로 분명 자동차가 숨겨진 문을 남겨 놓을 것이다. 이런 경우, 선택할 문을 바꾸는 게 자동차 당첨을 보장한다. 이런 상황은 $\frac{2}{3}$ 확률로 일어난다.

만약 1단계에서 자동차를 골랐다면, 진행자는 분명 염소가 숨겨져 있는 문 2개 중에서 아무거나 열 수 있다. 선택을 바꾸면 우리는 다른 염소가 있는 문을 고르게 될 것이다. 하지만 이 상황이 발생할 확률은 $\frac{1}{3}$이다(처음에 자동차가 뒤에 있는 문을 골랐다면).

결국 진행자가 문 하나를 골라 염소를 보여 주고 난 후, 선택을 바꿔서 자동차를 획득할 확률은 $\frac{2}{3}$다. 사실상 진행자의 선택은 우리가 이길 기회를 높이기 위해 활용할 수 있는 새로운 정보를 제공하는 것이다!

문이 100개가 있고(염소 99마리와 자동차 1대가 숨겨진 상황), 진행자가 2단계에서 98마리의 염소를 보여 주는 상황을 그려 보면, 선택 변경이 옳다는 것을 확신할 수 있다. 첫 선택에서 자동차가 숨겨진 문을 선택할 확률은 극히 낮으므로(1%), 문을 바꾸는 게 더 권장된

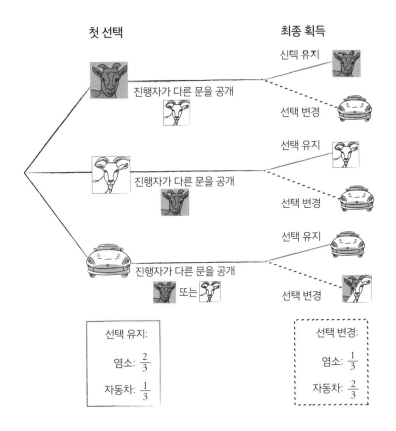

첫 선택 ... 최종 획득

선택 유지

진행자가 다른 문을 공개

선택 변경

선택 유지

진행자가 다른 문을 공개

선택 변경

선택 유지

진행자가 다른 문을 공개

또는

선택 변경

선택 유지:

염소: $\frac{2}{3}$

자동차: $\frac{1}{3}$

선택 변경:

염소: $\frac{1}{3}$

자동차: $\frac{2}{3}$

다. 물론 운이 없는 상황도 예상할 수 있다.

카드 카운팅

미키: "어디까지 셌지?"

질: "플러스 9"

미키: "아니."

피셔: "플러스 11."

미키: "아니"

키아나: "쌤, 20장째에서 카운팅을 놓쳤어요."

미키: "그렇게 부르지 마."

최: "플러스 9."

미키: "질이 말한 걸 다시 잘 기억해, 그리고 집중해! 지금 나온 카드가 모두 76장이야. 이때까지 23장은 −1이었고, 17장은 0, 나머지는 +1 이었어. 어떻게 카운팅을 놓칠 수 있지?"

벤: "플러스 13… 카운팅이 플러스 13이요."

미키: "맞았어. 자리에 앉아."

유럽 로또 유로밀리언의 1등에 당첨될 확률[21]은 $\dfrac{1}{116531800}$이다. 이렇게나 확률이 낮다 보니, 로또 구매자는 당첨을 꿈꾸면서도 어쩌면 영영 당첨되지 않을 수 있다는 것도 잘 알고 있다. 이와 달리 슬롯머신이나 룰렛과 같은 카지노 게임은 이길 확률이 더 높다. 하

이 장면에서 미키는 학생들에게 블랙잭의 카드 카운팅 기초를 가르친다. 배경을 보면 딜러가 뽑은 카드의 장수에 따라 어떻게 카운팅이 되는지가 칠판에 적힌 것을 확인할 수 있다.

지만 이 확률은 플레이어에게 불리하게 만들기 위해 교묘하게 계산된 게임의 확률이기 때문에 만사 제쳐 놓고 카지노로 달려가라 부추기고 싶지는 않다.

예컨대 프랑스식 룰렛을 한 번 살펴보자. 딜러가 던진 구슬이 0부터 36까지 번호가 적힌 37개의 칸 중에서 하나에 들어가는 방식인데, 18칸은 빨간색, 18칸은 검은색, 그리고 1칸은 초록색(0에 해당)이다. 각 칸에서 돈을 따는 확률은 같다. 돈을 거는 방법은 다양한데, 가장 간단한 방법은 구슬이 멈추는 칸의 색에 돈을 거는 방법이다. 구슬이 검정 칸으로 들어갈 확률은 $\frac{18}{37}$(약 48.64%)이며, 빨강 칸의 경우도 마찬가지다. 플레이어가 구슬이 들어갈 색을 맞추면, 카지노는 플레이어에게 판돈의 두 배를 돌려준다. 만약 내가 검정 칸에 1유로를 걸었다면, 내가 1유로 이상을 획득할 확률이 48.64%고, 잃을 확률은 51.35%다. 따라서 게임에서 얻을 수 있는 기대 금액을 계산할 수 있는데, 기대 금액[22]은 −0.03으로 여러 번 게임을 하면서 1유로를 걸 때마다 평균 0.03유로를 잃게 된다는 의미다. 따라서 게임은 플레이어에게 유리하지 않지만, 카지노에 유리하게 기울어진 불균형이 너무 약해서 마치 게임에서 이길 수 있는 것처럼 보일 정도다. 저울이 반대 쪽으로 기울어지게 하기 위해서 몇몇 플레이어들이 '마팅게일(Matingale)', 즉 도박에서 이득을 최대화하기 위한 전략을 개발하기도 했다.

가장 유명한 전략은 '클래식'이라 부르는 마팅게일이다. 원리는 게임에서 질 때마다 판돈을 두 배로 걸면서 이익을 보장하는 것이다. 예컨대 처음에 1가지 색에 5유로를 걸면서 시작한다. 이긴 경우 10유로를 갖는다. 5유로를 걸었기 때문에 5유로를 벌었다. 반대의 경우, 판돈을 잃으면 다시 돈을 걸어야 한다. 이때 앞선 게임에서 걸었던 돈의 두 배, 10유로를 건다. 이기면 20유로를 갖게 되는데, 여기에 앞서 걸었던 판돈 5유로와 10유로를 되찾은 셈이다. 그러면 이 판에서 5유로를 번 것이다. 게임에서 진 경우, 우리는 또다시 판 돈을 두 배 올려 건다. 20유로를 걸어서 이기면 40유로를 받으므로 앞서 세 번의 게임에서 걸었던 5유로, 10유로, 20유로를 보상받으면 5유로가 남는다. 보통 게임에서 질 때 앞선 게임에서 걸었던 돈의 두 배를 늘려서 판돈을 걸면 맨 처음 게임에서 걸었던 5유로를 확보한다.

이론상 이런 방식의 마팅게일은 허점이 없다. 왜냐하면 무슨 일이 일어나든 상관없이 게임에서 이기는 상황이 결국엔 일어나고 잃었던 판돈이 전부 회수될 것이기 때문이다. 실제로 마팅게일은 게임 판돈이 무제한이라는 유일한 조건에서만 작동한다. 안타깝게도 여러분이 이런 게임을 할 경우에는 이 마팅게일 방법으로 돈을 딸 수 없다. 만약 게임에서 연속으로 지는 상황이라면 다음 게임 판돈의 총액이 아주 가파르게 아주 커지기 때문이다. 이를테면 주머니에 1,000유로가 있고 이 금액을 두 배로 불리길 원하는 상황을 상상해 보자. 이길 때마다 손에 5유로가 들어온다 치면 1000을 5로 나눈 200번의 마팅게일 방법을 써야 목표 금액에 도달할 수 있다. 문제는 수차례 실패를 견딜 수 있어야 한다는 점과 '연이은 패배'가 생각보다 더 빈번하다는 점이다. 연속 일곱 번 지면 635유로를 까먹고 그 다음 여덟 번째 게임을 하려면 640유로를 추가로 써야 한다. 확률로 따져보면 100번 중에 한 번이 조금 안 되는 확률로 이런 실패가 벌어진다. 이 마팅게일을 200번 적용해야 초기 판돈의 두 배를 벌 수 있기에 여러분을 기다리고 있는 건 파산뿐이다! 실제로 불리한 확률을 뒤집을 수 있는 전략은 어디에도 없다는 게 증명되었다. 룰렛의 마팅게일은 환상이다. 게임에서 이길 수 있는 기대치가 마이너스일 때 게임의 일반 조건, 즉 판돈이 무제한이 아니라는 조건 속에서 이를 플러스로 바꿀 전략은 하나도 없다. 1913년 8월 모나코 몬테카를로의 카지노에서 룰렛 하나의 구슬이 검은 칸에 연이어 26번 들어가는 바람에 이 게임에 판돈을 건 사람들이 돈을 잃었다. 빨간 칸으로 구슬이 들어갈 것이라 확신했던 수많은 사람들이 빨강에 엄청나게 큰 돈을 걸면서 모두 잃게 되었다.

그렇지만 여러분에게 유리하게 운이 돌아갈 수 있는 카지노 게임이 하나 있다. 바로 블랙잭이다. 이 카드 게임은 테이블에 앉은 플레이어가 각자 딜러와 맞붙는다. 다른 플레이어가 이기거나 져도 여러분의 게임에는 어떤 영향도 주지 않는다. 목표는 손에 쥐고 있는 카드들의 숫자 합이 상대보다 높지만 21을 넘지 않는 것이다. 손에 쥔 카드들의 값은 카드의 점수를 더해 계산한다. 2부터 10까지 카드는 해당 숫자만큼 점수가 매겨지고, 그림패(잭, 퀸, 킹)는 10점, 에이스는 1점 또는 11점 중에서 유리한 쪽으로 선택한다. 카드의 패(스페이드, 하트, 클로버, 다이아몬드)는 점수를 매기는 데 어떤 영향도 주지 않는다. 10점 또는 11점에 해당하는 카드를 프랑스어에서는 '장작' 패라고 부른다. 이를테면 손에 쥔 카드가 에이스와 10점짜리 카드라면 최고 점수를 받는데, 이를 '블랙잭'이라 한다. 딜러는 52장의 카드가 섞여 있는 덱 6개에서 카드를 꺼낸다.

게임 한 판은 다음과 같은 방식으로 진행된다. 탁자에 둘러앉은 플레이어들이 먼저 돈을 건 다음, 딜러는 플레이어에게 각각 2장의 카드를 나누어 주고 딜러 자신도 2장의 카드를 갖는다. 모든 카드는 앞면으로 놓는다. 단, 딜러가 가진 카드 두 장 중에서 한 장은 뒤집어 놓는다. 만약 손에 쥔 패가 블랙잭인 경우, 게임에서 이기고 판돈의 1.5배를 받는다(딜러의 패도 블랙잭인 경우는 제외). 블랙잭이 아닌 경우, 점수가 21점보다 낮거나 같다면 한 장 또는 여러 장의 카드를 더 뽑아 자신 앞에 놓인 카드들에 추가한다. 만약에 21점을 넘는다면 '버스트'되었다고 말하고, 이는 게임에서 진 것을 의미한다. 각각의 플레이어가 배팅한 후, 딜러는 자신이 가진 뒷면의 카드를 보여 준다. 딜러가 가진 카드의 점수가 16이하라면 딜러는 추가로 카드를 빼야 한다. 만약 딜러의 점수가 21점을 넘으면 딜러도 버스트되며 해당 게임에 참가한 모든 플레이어는 돈을 따게 된다. 그게 아니라면 플레이어의 점수와 딜러의 점수를 비교해야 한다. 게임에서 이기기 위해서는 엄밀하게 높은 점수가 필요하다. 이긴 경우 판돈의 두 배를 받는다. 동점인 경우 판돈만 회수되고, 졌을 때에는 판돈을 잃게 된다. 몇 가지 교묘한 행동으로 플레이어들은 자신이 건 돈의 두 배를 벌 수 있는데, 여기서 그 이야기를 언급하지 않겠다.

1956년, 로저 볼드윈이 이끄는 수학자들로 구성된 팀 '묵시록의 네 기사'가 〈블랙잭에서 최적 전략〉이라는 제목의 논문을 통계학술지에 발표했다. 논문에서 이들은 블랙잭에서의 최적의 전략을 상세히 기술했으며, 지금은 이를 '기본 전략'이라 부른다. 전략은 지켜야 할 일련의 규칙들이며, '당신이 가진 카드들의 점수가 14인 상황에서 딜러가 가진 앞면 카드가 7보다 높거나 같다면 카드를 한 장 새로 꺼내야 하고, 그게 아니라면 패스하라'라는 식의 내용이다. 이 전략은 플레이어에게 살짝 불리하기 때문에 장기적으로 보면 확실하게 이길 수 없다(기대치가 −0.006으로 1유로를 걸 때마다 평균 0.006유로를 잃는다).

1962년 수학자 에드워드 오클리 소프는 『딜러를 이겨라』라는 책을 냈다. 이 책에서 그는 볼드윈의 방법을 다듬어 카드 카운팅의 구성 요소를 하나 더 추가했다. 이 새로운 전략의 기대치는 엄격하게 플러스다. 만약에 이 전략을 완벽하게 적용한다면 장기적으로 볼 때 틀림없이 블랙잭에서 이긴다. 바로 영화 「21」의 주인공들이 1980년대 실제 활동했던 MIT 블랙잭 팀이 했던 것처럼 말이다.

어떻게 에드워드 소프는 블랙잭을 카지노에 불리한 게임으로 뒤집는 데 성공할 수 있었을까? 기본 전략은 딜러가 가진 앞면 카드와 당사자 플레이어의 카드만을 기준으로 하며, 다른 플레이어들의 카드와 이전 게임에서의 카드는 고려되지 않았다. 그렇지만 이전 게임의 카드들은 승리 확률에 영향을 준다. 이를테면 게임이 여러 번 진행되면서도 테이블에 10점이나 11점에 해당하는 장작패가 거의 나오지 않았다고 가정해 보자. 게임 한 판이 진행되는 동안에 카드는 다시 섞이지 않으므로 다음 판에 10점짜리 카드 한 장이 나올 확률은 더 높아진다. 따라서 딜러가 17점에서 21점 사이의 점수를 획득해야 하는 순간에 카드를 여러 장 빼면서 버스트될 확률이 가장 클 것이다. 바로 이때 많은 돈을 걸어야 한다. 그래서 에드워드 소프는 높은 수의 카드들이 덱에 몇 장 남았을지 대략 추측하면서 많은 돈을 걸어야 하는 흥미진진해지는 순간을 알아내기 위한 방법을 내놓았다. 이를 위해 소프는 카드마다 점수를 부여했다. 작은 카드(2부터 6까지)는 플러스 1, 중간 카드(7, 8, 9)는 0, 높은 카드는 마이너스 1이다. 게임 한 판이 시작될 때 카드 카운팅은 0부터 출발하며 새로운 카드가 나올 때마다 점수가 매겨진다. 이를테면 딜러가 잭, 5, 2, 4, 퀸, 8, 5 이렇게 일곱 장을 연속으로 분배한다면, 점수는 $0 - 1 + 1 + 1 + 1 - 1 + 0 + 1$, 모두 합해 +2가 될 것이다. 그러면 카운팅이 플러스이므로 덱 안에는 평균보다 높은 카드가 남아 있다는 의미다. 마지막으로 이 카운팅 값을 남아 있는 덱의 수로 나눈다. 그 결과 값이 클수록 버스트가 될 카드가 나올 확률이 높아진다.

영화 「21」 속 등장인물들은 게임의 구성 요소 하나를 이 전략에 추가했다. 카드를 카운팅할 때 게임마다 판돈을 조절해야 하는데 갑자기 판돈 총액을 바꾸면 의심을 받기 때문이다. 블랙잭에서 카드를 카운팅하는 행위는 공식적으로 금지되지 않았지만, 그래도 카드 카운팅을 아주 안 좋은 시선으로 보기도 하고 카드 카운터들이 만회할 수 없을 정도로 카지노 출입을 금지당하기도 한다. 그래서 영

영화 「더 행오버」에서 앨런은 카지노에서 일확천금을 따기 위해서 카드 카운팅을 했다.
그런데 화면에 나타난 수학 기호들은 카드 카운팅과 전혀 관계가 없다.

화에서는 팀의 한 멤버가 적은 금액으로 기본 전략을 적용해 카드를 카운팅하며 블랙잭을 한다. 카운팅이 유리해질 때, 카운팅하던 멤버가 많은 돈을 거는 역할을 맡은 다른 멤버 플레이어에게 카운팅 정보를 전달한다.

하지만 이런 카드 카운팅을 시도하지 않는 것을 권한다. 왜냐하면 현재 소프 방법으로 블랙잭 딜러를 확실히 이길 수 없기 때문이다. 소프의 책이 세상에 나온 이후로 카지노는 당연히 이에 대응했고 블랙잭의 중요한 규칙 일부를 수정했다. 현재 딜러는 덱 안에 있는 카드를 다 쓰기 전에 카드를 다시 섞어서 남아 있는 카드를 예측할 수 없게 만들었다. 게다가 카지노마다 일정 수익을 보장해 주지 않은 채 규칙을 살짝 변형해 내놓기에 전략들이 각별히 조정될 필요가 있다.

영화 「21」과 MIT 학생들의 이야기를 각색한 다른 영화나 드라마 말고도 많은 영화에서 소프가 대중화시킨 전략이 등장했다. 영화

「레인 맨(1988년)」에서는 배우 더스틴 호프만이 자폐증을 가지고 있지만 블랙잭에서 카드 카운팅을 할 수 있는 인물을 연기했다. 또 다른 영화 「더 행오버(2009년)」에서 배우 자흐 갈리피아나키스가 맡은 인물이 큰돈을 빨리 따기 위해서 이 전략을 활용했다.

책에서 언급된 영화와 드라마

아래 소개하는 리스트는 앞서 프롤로그에서 언급한 카테고리 2와 그 이상에 해당되는 수학 영화와 드라마들이다.

- 「아고라(Agora)」2009년 / 126분 / 스페인
  - 감독: 알레한드로 아메나바르
  - 시나리오 작가: 알레한드로 아메나바르, 마테오 길
  - 출연: 레이첼 와이즈, 맥스 밍겔라, 마이클 롱스데일

- 「어벤져스: 인피니티 워(Avengers: Infinity War)」2018년 / 149분 / 미국
  - 감독: 안소니 루소, 조 루소
  - 시나리오 작가: 크리스토퍼 마커스, 스티븐 맥필리
  - 출연: 로버트 다우니 주니어, 크리스 에반스, 마크 러팔로

- 「뷰티풀 영 마인즈(Beautiful Young Minds)」2007년 / 90분 / 미국
  - 감독: 모건 매슈스
  - 출연: 대니얼 라이트윙

- 「브레이킹 더 코드(Breaking the Code)」1996년 / 75분 / 영국
  - 감독: 허버트 와이즈
  - 시나리오 작가: 휴 화이트모어
  - 출연: 데렉 제코비, 앨런 암스트롱, 블레이크 릿슨

280

- 「캡틴 아메리카: 퍼스트 어벤져(Captain America: The First Avenger)」2011년 / 124분 / 미국
  - 감독: 조 존스톤
  - 시나리오 작가: 크리스토퍼 마커스, 스티븐 맥필리
  - 출연: 크리스 에반스, 헤일리 앳웰, 휴고 위빙

- 「캡틴 마블(Captain Marvel)」2019년 / 124분 / 미국
  - 감독: 애나 보든, 라이언 플렉
  - 시나리오 작가: 메그 르포브, 니콜 펄먼, 제니바 로버트슨 워렛
  - 출연: 브리 라슨, 새뮤얼 L. 잭슨, 벤 멘델슨

- 「코드브레이커(CodeBreaker)」2011년 / 62분 / 영국
  - 감독: 클레어 비번, 닉 스테이시
  - 시나리오 작가: 크레이크 워너, 사이먼 베르통
  - 출연: 에드 스토파드, 헨리 굿맨, 폴 맥갠

- 「옥스퍼드 살인사건(The Oxford Murders)」2008년 / 103분 / 스페인, 프랑스, 영국
  - 감독: 알렉스 데 라 이글레시아
  - 시나리오 작가: 호르헤 게리카에체바리아, 알렉스 데 라 이글레시아
  - 출연: 일라이저 우드, 존 허트, 레오노르 와틀링

- 「큐브(Cube)」1997년 / 90분 / 캐나다
  - 감독: 빈센조 나탈리
  - 시나리오 작가: 앙드레 비젤릭, 그레임 맨슨, 빈센조 나탈리
  - 출연: 모리스 딘 윈트, 니콜 드 보어, 앤드류 밀러

- 「큐브 2: 하이퍼큐브(Cube 2: Hypercube)」2002년 / 94분 / 캐나다
  - 감독: 안드레이 세큘라

   – 시나리오 작가: 션 후드

    출연: 기리 메켓, 그레이스 린 콩, 닐 크론

- 「큐브 제로(Cube Zero)」 2004년 / 97분 / 캐나다
  - 감독 및 시나리오 작가: 어니 바바라쉬
  - 출연: 재커리 베넷, 데이비드 허밴드, 스테파니 무어

- 「다 빈치 코드(Da Vinci Code)」 2006년 / 149분 / 미국
  - 감독: 론 하워드
  - 시나리오 작가: 아키바 골즈먼
  - 출연: 톰 행크스, 오드리 토투, 장 르노

- 「다이하드 3(Die Hard 3: with a Vengeance)」 1995년 / 128분 / 미국
  - 감독: 존 맥티어넌
  - 시나리오 작가: 로더릭 소프, 조너선 헨스레이
  - 출연: 브루스 윌리스, 제러미 아이언스, 새뮤얼 L. 잭슨

- 「닥터 후(Doctor Who)」 시즌 5의 1화 '열한 번째 시간(The Eleventh Hour)'
  2010년
  - 감독: 애덤 스미스
  - 시나리오 작가: 스티븐 모펏

- 「에니그마(Enigma)」 2001년 / 119분 / 영국
  - 감독: 마이클 앱티드
  - 시나리오 작가: 톰 스토파드
  - 출연: 더그레이 스콧, 케이트 윈즐릿, 새프런 버로스

- 「크리미널 마인드(Criminal Minds)」 시즌 4의 8화 '마스터피스(Masterpiece)'
  2008년
  - 감독: 폴 마이클 글레이저

- 시나리오 작가: 에드워드 앨런 버네로

• 「플랫랜드(Flatland)」2007년 / 95분 / 미국
  - 감독: 래드 엘링거 주니어
  - 시나리오 작가: 톰 웰렌
  - 출연: 크리스 카터, 메건 콜린, 래드 엘링거 주니어

• 「퓨처라마(Futurama)」영화 「백억 개의 촉수를 가진 괴물(The Beast with a Billion Backs)」2008년
  - 감독: 피터 아반지노
  - 시나리오 작가: 에릭 캐플런, 데이비드 X. 코헨

• 「퓨처라마(Futurama)」시즌 5의 1화 '뜨거운 자의 범죄(Bender's Big Score)' 2008년
  - 감독: 드웨인 케리 힐
  - 시나리오 작가: 켄 킬러, 데이비드 X. 코헨

• 「퓨처라마(Futurama)」시즌 7의 15화 '2D 아스팔트 도로(2D Blacktop)' 2013년
  - 감독: 레이미 머스퀴스
  - 시나리오 작가: 마이클 로

• 「하이 스쿨 뮤지컬(High School Musical)」2006년 / 98분 / 미국
  - 감독: 케니 오르테가
  - 시나리오 작가: 피터 바소치니
  - 출연: 잭 애프론, 바네사 허진스, 루커스 그래빌

• 「이미테이션 게임(Imitation Game)」2014년 / 114분 / 미국
  - 감독: 모르텐 튈둠
  - 시나리오 작가: 그레이엄 무어
  - 출연: 베네딕트 컴버배치, 키라 나이틀리, 마크 스트롱

• 「루이스(Lewis)」시즌 1의 1화 '명성(Reputation)' 2006년

  – 감독: 빌 엔디슨

  – 시나리오 작가: 러셀 루이스, 스티븐 처쳇

• 「인터스텔라(Interstellar)」2014년 / 169분 / 영국, 미국

  – 감독: 크리스토퍼 놀런

  – 시나리오 작가: 크리스토퍼 놀런, 조너선 놀런

  – 출연: 매슈 맥코너헤이, 앤 해서웨이, 마이클 케인

• 「러브 미 이프 유 데어(Love me if you dare)」2003년 / 93분 / 프랑스

  – 감독 및 시나리오 작가: 얀 사뮈엘

  – 출연: 기욤 카네, 마리옹 코티야르, 티보 베르에그

• 「무한대를 본 남자(The Man Who Knew Infinity)」2015년 / 108분

  – 감독 및 시나리오 작가: 매슈 브라운

  – 출연: 데브 파텔, 제러미 아이언스, 데비카 비스

• 「페르마의 밀실(Fermat's room)」2007년 / 88분 / 스페인

  – 감독 및 시나리오 작가: 루이스 피에드라이타, 로드리고 소페냐

  – 출연: 알레호 사우라스, 류이스 오마르, 엘레나 바예스테로스

• 「방학 대소동(Recess)」시즌 3의 3화 '우리 중 천재(A Genius Among Us)' 1999년

  – 감독: 척 쉬츠

  – 시나리오 작가: 브라이언 해밀

• 「더 라스트 카지노(The Last Casino)」2004년 / 92분 / 캐나다

  – 감독: 피에르 길

  – 시나리오 작가: 스티븐 웨스트렌

  – 출연: 찰스 마틴 스미스, 캐서린 이자벨, 크리스 럼치

- 「21」 2008년 / 123분 / 미국
  - 감독: 로버트 루케틱
  - 시나리오 작가: 피터 스타인펠트, 앨런 로브
  - 출연: 짐 스터게스, 케빈 스페이시, 케이스 보스워스

- 「라비린스(Labyrinth)」 1986년 / 101분 / 영국, 미국
  - 감독: 짐 헨슨
  - 시나리오 작가: 데니스 리, 짐 헨슨, 테리 존스
  - 출연: 제니퍼 코넬리, 데이비드 보위, 브라이언 프라우드

- 「네이든(X+Y)」 2014년 / 111분 / 영국
  - 감독: 모건 매슈스
  - 시나리오 작가: 제임스 그레이엄
  - 출연: 에이사 버터필드, 라프 스폴, 샐리 호킨스

- 「히든 피겨스(Hidden Figures)」 2016년 / 127분 / 미국
  - 감독: 시어도어 멜피
  - 시나리오 작가: 앨리슨 슈뢰더, 시어도어 멜피
  - 출연: 타라지 헨슨, 옥타비아 스펜서, 저넬 모네이

- 「심슨 가족(The Simpsons)」 시즌 7의 6화 '공포의 트리하우스 VI(Treehouse of Horror VI)' 1995년
  - 감독: 밥 앤더슨, 데이비드 머킨
  - 시나리오 작가: 존 슈왈츠웰더, 스티브 톰킨스, 데이비드 X. 코헨

- 「사랑의 물리학(The Laws of Thermodynamics)」 2018년 / 100분 / 스페인
  - 감독 및 시나리오 작가: 마테오 길
  - 출연: 비토 산츠, 베르타 바스케스, 치노 다린

- 「리미트리스(Limitless)」시즌 1의 1화 '파일럿(Pilot)' 2015년
  - 삼록: 마크 웹
  - 시나리오 작가: 크레이그 스위니

- 「말콤네 좀 말려 줘(Malcolm in the Middle)」시즌 1의 8화 '공포의 피크닉 (Krelboyne Picnic)' 2000년
  - 감독: 토드 홀랜드
  - 시나리오 작가: 마이클 글로버먼, 앤드류 오렌스타인

- 「맨헌트: 유나바머(Manhunt: Unabomber)」2017년 / 총 8화(42분/회) / 미국
  - 감독: 그레그 야이타네스
  - 출연: 샘 워딩턴, 폴 베터니

- 「어메이징 메리(Gifted)」2017년 / 101분 / 미국
  - 감독: 마크 웹
  - 시나리오 작가: 톰 플린
  - 출연: 맥케나 그레이스, 크리스 에반스, 린지 덩컨

- 「로 앤 오더 성범죄전담반(Law ans Order: Special Victims Unit)」시즌 10의 12화 '온실(Hothouse)' 2009년
  - 감독: 피터 레토
  - 시나리오 작가: 찰리 데이비스

- 「판타스틱 패밀리(No Ordinary Family)」시즌 1의 1화 '평범하지 않은 시작 (No Ordinary Pilot)' 2010년
  - 감독: 데이비드 세멜
  - 시나리오 작가: 그렉 버랜티, 존 하먼 펠드먼

- 「넘버스(Numb3rs)」시즌 2의 13화 '카드 아래(Double Down)' 2006년
  - 감독: 알렉스 자크제프스키

– 시나리오 작가: 돈 맥길

• 「님포매니악 볼륨 1(Nymphomaniac Volume 1)」 2013년 / 118분 / 영국, 덴마크, 독일, 프랑스, 벨기에
 – 감독: 라르스 폰 트리에
 – 시나리오 작가: 라르스 폰 트리에
 – 출연: 샤를로트 갱스부르, 스텔란 스카스가드, 샤이아 러버프

• 「페파 피그(Peppa Pig)」 시즌 2의 22화 '아빠 사무실 가는 날(Daddy Pig's Office)' 2007년
 – 감독 및 시나리오 작가: 마크 베이커, 네빌 애스틀리

• 「파이(π)」 1998년 / 84분 / 미국
 – 감독: 대런 애러노프스키
 – 시나리오 작가: 숀 걸릿, 에릭 왓슨, 대런 애러노프스키
 – 출연: 숀 걸릿, 마크 마르골리스, 벤 셍크만

• 「레인 맨(Rain Man)」 1988년 / 133분 / 미국
 – 감독: 배리 레빈슨
 – 시나리오 작가: 배리 모로, 롤런드 배스
 – 출연: 더스틴 호프만, 톰 크루즈, 발레리아 골리노

• 「백 투 더 퓨처 3(Back To the Future 3)」 1990년 / 118분 / 미국
 – 감독: 로버트 저메키스
 – 시나리오 작가: 밥 게일
 – 출연: 마이클 J. 폭스, 크리스토퍼 로이드, 메리 스틴버진

• 「슈리커(Shrieker)」 1997년 / 72분 / 미국
 – 감독: 데이비드 드콕토
 – 시나리오 작가: 닐 마셜 스티븐스

- 출연: 탄야 템프시, 제이미 개넌, 패리 션

- 「뷰티풀 마인드(A Beautiful Mind)」 2001년 / 135분 / 미국
  - 감독: 론 하워드
  - 시나리오 작가: 아키바 골즈먼
  - 출연: 러셀 크로, 제니퍼 코넬리, 에드 해리스

- 「더 행오버(The Hangover)」 2009년 / 100분 / 미국
  - 감독: 토드 필립스
  - 시나리오 작가: 존 루커스, 스콧 무어
  - 출연: 브래들리 쿠퍼, 에드 헬름, 자흐 갈리피아나키스

- 「굿 윌 헌팅(Good Will Hunting)」 1997년 / 126분 / 미국
  - 감독: 구스 반 산트
  - 시나리오 작가: 맷 데이먼, 벤 애플렉
  - 출연: 맷 데이먼, 로빈 윌리엄스, 스텔란 스카스가드

주석

1. 점성술이 천문학에 속하는 것처럼 수비학은 수학에 속하며 일부 특성을 숫자와 수에 부여하는 신비주의적이고 유사 과학적 접근 방식이다.
2. 영화의 프랑스어 버전에서 단어 'séquence(수열)'는 원어(영어) 'sequence'를 그대로 가져온 것이며, 본래 프랑스 수학 용어에서 수열은 'suite'로 쓴다. 그렇지만 이 단어가 수학적 의미로 사용된 게 아니기 때문에 문제가 되지 않는다.
3. 유클리드는 기하학 문제 풀이에서 현재 우리가 황금비로 설명되는 개념을 '외중비(extreme and mean ratio)'라고 불렀다.
4. 이를 증명해 보자. 황금 직사각형의 세로와 가로를 A와 B로 표시하면, $\varphi = A/B$가 된다. 이 직사각형을 작도해 보면 $A/B = A + B/A$라고 말할 수 있으며, 이는 $A/B = 1 + B/A$와 같다. A/B를 φ로 바꾸면 $\varphi = 1 + 1/\varphi$가 된다. 각 변에 φ을 곱하면 $\varphi^2 = \varphi + 1$ 방정식이 만들어진다. 이 이차방정식은 판별식을 사용해 풀면 근이 $\varphi = (1 + \sqrt{5})/2$라는 결론을 낼 수 있다.
5. 피보나치 수열의 n번째 항을 F_n으로 표시하면, $F_1 = F_2 = 1$이므로 모든 정수 n에 대해서는 $F_{n+2} = F_{n+1} + F_n$이라는 귀납적 정의가 세워진다.
6. 다르게 설명하자면, $U_n = F_n + 1/F_n$으로 정의되는 수열의 극한(U_n)은 φ이다. 이를 증명하기 위해서, 모든 정수 n에 대해서 $U_{n+1} = 1 + 1/U_n$임을 확인할 수 있다. 수열의 극한이 존재한다면 수열의 극한은 φ을 근으로 갖는 방정식인 $x = 1 + 1/x$을 만족하는 수 x이다. 피보나치 수열의 항들은 n과 φ에 따라 $F_n = (\varphi^n - (-1/\varphi)^n)/\sqrt{5}$으로 표현될 수 있다.
7. k, u, v가 엄격하게 양의 정수이고 $v < u$인 $a = k(u^2 - v^2)$, $b = 2kuv$, $c = k(u^2 + v^2)$으로 놓고 계산을 하면 $a^2 + b^2 = c^2$임이 확인된다. 따라서 삼중항 $(a ; b ; c)$는 k, u, v에 들어가는 값이 무엇이든 상관없이 항상 피타고라스 세 쌍이다.
8. 좌변은 짝수의 거듭제곱(항상 짝수)과 홀수의 거듭제곱(항상 홀수)의 합이라는 것이 확인된다. 이 합은 홀수다(짝수와 홀수의 합은 항상 홀수이기 때문). 등식

의 반대쪽, 우변은 짝수의 거듭제곱에 해당하므로 짝수다. 짝수는 홀수와 같을 수 없으므로 이 등식은 거짓이다

9. 강한 골드바흐의 추측이 참이라고 가정하고, $N \geq 7$인 홀수 하나가 있다고 하자. N은 $N = N' + 3$으로 쓸 수 있으며, 여기서 N'은 짝수다. 이 경우, 강한 추측은 p와 p'가 소수인 $N' = p + p'$를 포함하므로 N이 소수 3개의 합으로 분해되어 $N = p + p' + 3$이 된다. 이렇게 약한 추측이 증명되었다. 하지만 이 약한 형태는 강한 형태를 포함하지 않는다.

10. 스페인어 문자로 쓴 양의 정수 1부터 9를 알파벳 순서로 정리한 것이다.

11. 수학자 레온하르트 오일러 덕분에 우리는 N의 분할수에 대한 귀납적 표현을 쓸 수 있다.

$$p(N) = p(N-1) + p(N-2) - p(N-5) - p(N-7) + p(N-12) + p(N-15)$$
$$- p(N-22) \cdots = \Sigma(-1)^{k-1} p(N - k(3k \pm 1)/2)$$

여기서 수열 $(1, 2, 5, 7, 12, 15, 22 \cdots)$는 오각수를 일반화한 수열로 $k = \pm 1, \pm 2, \pm 3 \cdots$인 $k(3k+1)/2$ 형태의 수들이다.

12. 메르센 소수는 $2^n - 1$의 형태로 쓸 수 있는 소수다. 이를테면, $3 = 2^2 - 1$, $7 = 2^3 - 1$ 또는 $31 = 2^5 - 1$처럼 쓸 수 있다. $2^n - 1$ 형태로 쓸 수 있는 수들에 있어 흥미로운 점은 n이 아주 크다 할지라도 수들이 소수인지 아닌지 확인할 수 있는 상당히 빠른 연산법이라는 것이다. 이렇게 해서 오늘날 알려진 가장 큰 소수는 메르센 소수다.

13. 오늘날 직교 좌표에서는 방정식을 바탕으로 원뿔 곡선을 표현하는 방식을 선호한다. 포물선은 방정식 $y = x^2$로 표현될 수 있는 곡선일 것이며, 쌍곡선은 방정식 $y = 1/x$로 표현될 수 있는 곡선, 원과 타원은 방정식 $ax^2 + by^2 = 1$로 표현될 수 있는 곡선일 것이다.

14. 현재 태양에 가장 가까운 별은 센타우루스자리의 프록시마이며 지구로부터 4.2 광년 떨어진 자리에 있다. 즉 토성보다 태양으로부터 8,800배 정도 더 멀리 떨어져 있다.

15. 더 자세히 설명하자면, 최소 거리는 연초에 1억 4천 7백만km이며, 최대 거리는 7월 초부터 1억 5천 2백만km다.

16. 예컨대 649는 11의 배수다. 홀수 행의 숫자들의 합은 $6 + 9 = 15$이며, 짝수 행의 숫자들의 합은 4다. 이 둘을 빼면 $15 - 4 = 11$이며, 11로 나눌 수 있다.

17. 단일 정육면체의 세로는 15.5피트(방의 세로 길이가 14피트, 방들을 잇는 통로에서 한 쪽당 길이가 0.75피트)다. 그러면 $434/15.5 = 28$이 나온다.

18. 유지해야 하는 세로의 특성과 각의 특성이 분명 있으나 여기서는 조용히 지나 가겠다.

19. 처음 항이 14.4이고 비율이 0.6인 등비수열에서 항들의 합이다. 이 합은 $14.4 \times 1/(1 - 0.6) = 36$과 같다.

20. 확률 문제의 계산 과정에 π가 있어서 놀랄 수 있지만, 이건 다른 수학 주제다.

21. 유로밀리언은 1부터 50으로 구성된 표에서 숫자 5개를 고르고, 아래 1부 터 12로 구성된 별 중에 2개를 고르면 된다. 조합론을 이용해 우리는 숫자 5 개와 별 2개를 골라 로또 1등에 당첨될 확률을 계산할 수 있다. 1부터 50까 지 숫자 중에서 5개의 숫자를 고르는 방법은 2,118,760가지이며, 1부터 12 까지 별 중에서 2개를 고르는 방법은 66가지이므로 1등에 당첨될 확률을 $2,118,760 \times 66 = 139,838,160$분의 1이다.

22. 기대값은 확률에 의해 가중된 평균 이익을 바탕으로 계산된다. 룰렛 한 게임당 1 유로를 걸면 기댓값은 $E = (+1€) \times 0.4864 + (-1€) \times 0.5135 = -0.0271€$이다. 룰 렛에서 녹색 칸(제로)의 존재는 게임이 카지노에 유리하게 돌아가도록 보장해 준다.

감사의 말

첫 책을 쓰면서 다시는 책을 쓰지 말자고 다짐했을 정도로 어찌 보면 글쓰기는 기나긴 작업이고 때로는 지겹기도 한 일이었다. 두 번째 책 집필을 제안받았을 때, 지난 경험들이 있으니 첫 번째 책보다는 시간이 오래 걸리지 않을 거라 생각하며 넙죽 받아들였는데, 그 생각이 맞았더라면 더할 나위 없이 좋았을 것이다.

무엇보다 초고를 교정하는 동안 인내해 주고 코멘트를 달아 주었던 밀루에게 고마운 마음을 전한다. 밀루가 없었더라면 이 책들은 아마도 읽을 수 없는 글이 되었을 것이다. 또한 제이슨 라페이로니(유튜브 채널 Automaths 운영자), 티보 지로, 폴데르와 실뱅 등 이 책의 교정 과정에서 어김없이 도움을 주었던 분들에게 큰 감사의 인사를 드리고 싶다. 또 소중한 조언을 해 준 로라 P. 시코르스키에게도 고마움을 전한다.

텔레비전과 영화 속 수학에 관심을 갖게 이끌어 줬던 비비안느 라랑드에게도 감사하다. 레 응우엔 호앙(유튜브 채널 Science4All 운영자)가 없었더라면 이 책이 세상에 나오지 못했을 것이다. 또한 안느 퐁퐁, 사라 포르베이유, 나탈리 브루스 등 이 책을 쓰는 데 방향을 제시해 줬던 출판사 뒤노 팀에게도 정말 감사를 전한다.

　드라마나 영화에 방정식이 나오면 나에게 얘기해 줬던 분들에게도 감사하다. 이 책에 다 담을 수는 없었지만 그 모든 방정식들은 정성껏 기록으로 남겨 두고 있다.

　마지막으로 유튜브와 SNS에서 팔로우해 주고 응원해 주는 모든 분들에게 감사의 인사를 드린다.

영화관에 간 수학자

초판 1쇄 인쇄 | 2025년 4월 10일
초판 1쇄 발행 | 2025년 4월 15일

지은이 | 제롬 코탕소
옮긴이 | 윤여연
감　수 | 이종규
펴낸이 | 조승식
펴낸곳 | 도서출판 북스힐
등록 | 1998년 7월 28일 제22-457호
주소 | 서울시 강북구 한천로 153길 17
전화 | 02-994-0071
팩스 | 02-994-0073
인스타그램 | @bookshill_official
블로그 | blog.naver.com/booksgogo
이메일 | bookshill@bookshill.com

정가　17,000원
ISBN　979-11-5971-643-0